煤岩体蠕变渗透特性
及渗流失稳机理

Permeability Characteristics and Instability Mechanism
of Seepage during the Creep of Coal-rock Mass

李树刚　潘红宇　徐　刚　张天军　尚宏波　著

科学出版社

北　京

内 容 简 介

　　本书是一部介绍煤岩体蠕变渗透特性及渗流失稳机理的专著,全书共7章。在系统介绍煤岩体渗透特性及强度理论的基础上,从煤岩体力学特性入手,自主研发破碎岩石三轴渗流试验系统,开展侧限条件下破碎煤岩体渗透特性研究、煤岩体变形与渗流时间效应研究及三轴应力状态下煤岩渗透特性研究,分析不同工况下煤岩体的渗流规律。在此基础上,建立煤岩体流固耦合渗流动力学模型,并利用解耦方法化简动力学模型,得到煤岩体发生渗流失稳的条件及失稳的临界压力梯度值。最后通过数值计算方法对所构建的动力学模型进行求解与验证。

　　本书可供从事岩体渗流力学、岩石力学、采矿工程、岩土工程及水文地质工程等相关专业的高等学校教师及研究生、科研院所的研究人员使用,也可作为相关专业的研究生教材或参考书。

图书在版编目(CIP)数据

煤岩体蠕变渗透特性及渗流失稳机理 = Permeability Characteristics and Instability Mechanism of Seepage during the Creep of Coal-rock Mass / 李树刚等著. —北京:科学出版社,2021.3

ISBN 978-7-03-065888-3

Ⅰ. ①煤… Ⅱ. ①李… Ⅲ. ①煤岩－岩体蠕变－渗透性－研究 ②煤岩－岩体蠕变－渗流－研究 Ⅳ. ①P618.11

中国版本图书馆CIP数据核字(2020)第155509号

责任编辑:李　雪　吴春花 / 责任校对:王萌萌
责任印制:吴兆东 / 封面设计:无极书装

科学出版社 出版
北京东黄城根北街 16 号
邮政编码:100717
http://www.sciencep.com
北京捷迅佳彩印刷有限公司 印刷
科学出版社发行　各地新华书店经销
*
2021 年 3 月第 一 版　开本:720×1000 1/16
2021 年 3 月第一次印刷　印张:13 3/4
字数:297 000
定价:128.00 元
(如有印装质量问题,我社负责调换)

前　言

随着煤炭资源开采不断向深部扩展，对于采动岩体或开采煤层而言，其蠕变渗流效应不可忽视，当岩体或煤层破坏到一定程度时会产生破裂或破碎区域，该区域岩体的蠕变速率较完整岩体大很多，可能引起其渗透特性的急剧变化，即岩体或煤层中的流体运动发生急剧变化。当岩体蠕变与渗流作用到一定阶段，使得岩体的渗透特性与孔压梯度满足渗流失稳条件时，极易诱发突水和瓦斯突出灾害。因此，煤岩蠕变渗流行为研究是煤矿围岩稳定性控制、瓦斯突出灾害预测、矿井突水灾害防治及地下水资源保护等一系列重大课题的研究基础，对于促进煤矿生产安全、保护地下水资源、实现煤炭资源的绿色开采和煤炭工业的可持续发展有着重要的理论意义和工程实际意义。

学者对采矿工程中煤岩的蠕变理论及试验已经做了较多的研究，而对破碎煤岩的蠕变与渗流特性相互影响的研究相对较少。本书分为 7 章。第 1 章为绪论。介绍了本书的研究背景及意义，对国内外的研究现状进行了综述，从煤岩的力学特性及渗透特性等方面详细分析了该领域内的相关研究基础和进展，并详细列出了本书的主要研究内容。第 2 章为煤岩体强度理论及试验。介绍了煤岩强度理论及蠕变的基本概念，并开展了煤岩单轴和三轴压缩试验，获取了煤岩基本力学参数，对不同煤岩的强度特征进行了分析和比较，为后续建立力学模型提供必要的试验依据。第 3 章为煤岩渗流基本概念及试验系统研制。为研究煤岩的渗透特性，介绍了煤岩渗流的基本理论和基本概念，并详细介绍了破碎煤岩渗流试验系统及试验方法，最后通过相关试验验证了该试验系统的设计达到了预期目标。第 4 章为侧限条件下破碎煤岩渗透特性。分别开展了侧限条件下破裂和破碎岩样的渗透特性试验，建立了积分式模型求解破碎岩样的渗透特性参数，并分析了侧限条件下破裂和破碎岩样渗透特性的变化规律。第 5 章为煤岩变形与渗流的时间效应。通过分级加载的方式，对不同粒径的破碎煤岩进行变形与渗流试验，分析了有效应力与恒载变形对破碎煤岩孔隙率、蠕变参数、渗透参量的具体影响。第 6 章为三轴应力状态下煤岩渗透特性。首次运用自主研发的破碎岩石三轴渗流试验系统，进行承压破碎砂岩围压可调的三轴渗流试验，研究了不同围压、不同渗透压力、不同加载位移条件下承压破碎砂岩的渗透特性。第 7 章为破碎煤岩流固耦合问题。包括破碎煤岩流固耦合渗流动力学模型及破碎煤岩流固耦合模型数值分析，并给出了煤岩渗流失稳的条件及失稳的临界压力梯度值。

本书的写作与出版得到了国家自然科学基金科学仪器基础研究专款"煤与瓦斯

安全共采三维物理模拟方法及综合实验系统研究"(No.51327007)，国家自然科学基金重点项目"深部开采采空区覆岩卸压瓦斯精准抽采基础研究"(No.51734007)，国家重点研发计划"煤岩不同致灾地质异常体无线电波地球物理响应特征"(No.2018YFC0807805)，国家自然科学基金面上项目"增透抽采瓦斯煤岩体裂隙演化及蠕变失稳机理研究"(No.51374168)、"矿井瓦斯综合抽采技术与设备创新体系研究"(No.51474172)、"高瓦斯低透气煤层煤岩灾变的多场多尺度耦合机理"(No.51174158)、"深部煤层水力压裂煤体裂隙演化及其对瓦斯渗流的控制机理"(No.51404189)、"本煤层二氧化碳深孔预裂隙爆破驱气增透机理及参数优化研究"(No.51874234)等项目的资助。感谢西部矿山煤与瓦斯共采实验室、教育部西部矿井开采及灾害防治重点实验室、陕西省省级矿山工程力学教学示范中心提供的实验设备及帮助。

　　感谢朱向会老师在试验方面提供的帮助，感谢马锐、宋爽、张磊、包若羽、任金虎、于胜红、魏文伟、周敖、葛迪、范亚飞、王云龙等研究生在试验方面及校稿工作中提供的帮助。

　　由于作者水平有限，书中难免存在不妥之处，敬请读者批评指正。

作　者

2020 年 7 月

目　　录

第1章 绪 论

1.1 研究背景及意义

煤炭、石油及天然气在我国能源资源储量中占有的比重分别为94%、5.4%和0.6%,这种"富煤贫油少气"的资源现状,意味着我国能源生产与消费以煤炭为主的格局将长期存在[1]。我国95%以上的煤炭为井工开采,煤炭的开采条件复杂,开采深度大,煤炭的大量开采势必会带来一系列安全生产问题,而瓦斯灾害和水灾害等一直是威胁我国煤矿安全生产的主要因素。

瓦斯灾害和水灾害事故频发,给国家造成了较大的人员伤亡和经济损失。煤矿事故统计资料显示[2-3],截至2016年底国内煤矿发生煤与瓦斯突出累计20000余次,是世界上煤与瓦斯突出灾害较为严重的国家之一;2000~2017年,国内发生一次死亡10人以上的煤矿事故近400次,死亡人数约8100人。为进一步了解煤矿事故发生的主要原因,对各事故发生起数及发生频率进行统计(表1-1),可以看出,我国煤矿重特大事故以瓦斯和突水事故居多,其中瓦斯事故的起数多达242起,占总事故数的63.68%,死亡人数共计5523人,其次是突水事故,占总事故数的17.90%,两类事故占总事故数的81.58%。2003年4月,邢台矿区东庞矿发生突水事故,其中涌水量高达1167m³/min。2010年3月,神华集团乌海能源有限公司骆驼山矿煤层底板发生重大突水事故,导致32人死亡、7人受伤,造成了巨大的经济损失[4]。

表1-1 2000~2017年我国煤矿重特大事故发生类型统计

类型	瓦斯	突水	顶板	火灾	其他
事故起数/起	242	68	6	28	36
死亡人数/人	5523	1211	97	574	727
发生频率/%	63.68	17.90	1.58	7.37	9.47

由上述分析可以看出,瓦斯和突水事故在我国煤矿重特大事故中占有相当高的比例。为减少我国煤矿重特大事故的发生,就要分析瓦斯和突水事故发生的主要原因,探究此类事故发生的机理,进而采取相应的措施,预防事故的发生。

煤矿瓦斯突出事故、突水事故和水、瓦斯在采动煤岩体中的渗流密切相关,其中煤岩体渗透率的变化对于耦合系统的稳定性起着决定性的作用。在采矿和地下工程中煤岩体因采动破碎后其渗透性急剧增加,同时煤岩体中的瓦斯压力或水压力使得煤岩体强度进一步减弱，当煤岩体发生失稳破坏时，极易引起突水或煤与瓦斯突出灾害。因此，煤岩体渗流行为的研究对于煤矿突水或瓦斯突出事故防治具有重要的工程意义。

1.2 煤岩力学特性研究现状

1.2.1 单轴压缩下煤岩力学特性研究现状

在研究煤岩的力学特性时，单轴抗压强度是衡量煤岩力学性能的重要指标之一。因此，单轴压缩下煤岩力学实验是认识煤岩在单向受载情况下力学性质的主要手段[5]。近年来，国内外学者已经对单轴压缩下煤岩力学性质开展了大量研究，并取得了许多先进的研究成果。

国外，Hirt 和 Shakoor[6]进行了不同煤层以及不同煤矿同一煤层的煤岩单轴试验，试验结果表明不同煤层的煤样平均抗压强度差别较大，同一煤层煤样的抗压强度离散性较大。Medhurst 和 Brown[7]对不同尺寸的大煤样进行单轴压缩试验，试验结果表明在同一类煤样中测得的峰值强度随煤样尺寸的增加而降低，而所测得的弹性模量随煤样尺寸的增加呈非线性降低，泊松比与试样尺寸关系不大，同时峰值强度与煤的裂隙发育情况及煤样直径等因素有关。Unrug 等[8]在对煤层样品进行单轴压缩测试时发现同一煤层煤样的强度差别达到 6 倍以上，试验结果表明同一煤层煤样的抗压强度离散性较大是由煤岩材料内部的微结构及微组分的复杂多变造成的。Townsend 等[9]对同样截面大小的圆柱试样和立方体试样煤岩进行了单轴压缩试验，试验结果表明圆柱试样的单轴抗压强度比立方体试样的单轴抗压强度低近 1/3。Khair[10]对煤样进行了大量单轴压缩试验，试验结果表明试验过程加载板面的摩擦效应对煤样的抗压强度试验结果有较大影响。

国内的科技工作者也对单轴压缩岩石力学特性进行了大量研究[11-16]，由于煤岩中存在更多的割理、裂隙及其沉积结构的特殊性，并且煤样品的选取、运输和制备过程更为困难，其力学特性试验结果与非煤岩石差异较大，所以研究单轴压缩下煤岩的力学特性非常有必要。刘宝深等[17]调研了国外的相关试验资料，在 7 种岩石的力学试验基础上进行煤样的单轴压缩试验，研究了煤岩抗压强度的尺寸效应，并且线性回归出了煤样抗压强度与煤样的尺寸效应关系。李志刚等[18]分别对煤岩试样进行了单轴抗压强度与变形试验，经分析将煤岩脆性断裂的变形过程划分为压密阶段、弹性变形及微裂隙扩展阶段、扩容膨胀阶段和宏观破裂阶段，证实了研究区煤岩具有弹性模量相对较低而泊松比较高、脆性大、易破碎、易压缩的特性，提出应将煤岩视为横观各向同性体或正交各向异性体来处理，还运用 Griffith 等有关脆性断裂理论，研究了煤岩单轴压应力状态下的脆性断裂规律。闫立宏和吴基文[19]通过对杨庄煤矿煤层的采样及试验，系统研究了在单轴压缩条件下煤岩的变形、破坏和强度特征，分析了强度和变形特征差异性的影响因素。肖红飞等[20]利用实验研究、理论分析和数值模拟相结合的方法，研究了单轴压缩条件下煤岩变形破裂过程中产生的电磁辐射(electromagnetic emission, EME)强度与煤岩内部应力之间的耦合规律，在煤岩材料损伤特性和强度统计理论的基础上，研究了受载煤岩变形破裂的三维力-电耦合本构关系，从理论上分析了煤岩变形破裂过程中电磁辐射强度和脉冲数与加载应力之间的关系，认为它们之间的关系可以用多项式来表征。潘结南[21]通过对不同煤级煤进行单轴压缩试验，研究发现煤岩的单轴压缩变形破坏形式主要有 4 种类型(X 状共轭斜面剪切破坏、单斜面剪切破坏、楔劈型张剪破坏、拉伸破坏)，煤岩的单轴压缩全应力-应变曲线也可以概括为 4 种类型，并分析出了 4 种类型的冲击能指数的大小。刘保县等[22-23]为了更好地了解受载煤岩体的损伤演化规律，进一步揭示煤岩动力灾害演化过程，利用 MTS 815 电液伺服岩石试验系统和 8CHS PCI-2 声发射检测系统，对单轴压缩煤岩的损伤演化及声发射特性进行试验研究，得到了煤岩由变形、损伤的萌生和演化，直至出现宏观裂纹，再由裂纹扩展到破坏的逐渐发展的全过程。郭东明等[24]对单轴压缩荷载下的煤岩组合体进行实时 CT 扫描，从细观尺度研究了煤岩组合体的破坏演化机理，同时利用莫尔强度理论对煤岩组合体的应力、应变及煤岩组合强度进行了计算分析，揭示了煤岩组合体细观—宏观变形破坏的关系及演化机理。

杨花等[25]利用刚性试验机对煤岩进行了单轴压缩试验，并且采用岩石强度随机统计分布假设，建立了能够较好反映煤岩单轴压缩状态下的初始压密段和残余强度段的分段损伤本构方程，并且给出了相关参数的确定办法。赵恩来等[26]利用建立的电磁辐射数值模拟模型及岩石破裂过程分析方法系统研究了煤岩变形破裂过程中的电磁辐射规律，并且模拟研究了煤岩单轴压缩过程的电磁辐射特征规律，结果表明数值模拟得出的电磁辐射信号与煤样单轴压缩过程所受应力呈正相关关系。唐书恒等[27]为了模拟研究煤储层的压裂特征，进行了饱和含水煤岩单轴压缩破裂试验及声发射测试，结果表明饱和含水煤岩在单轴压缩条件下首先产生变形，然后出现裂隙，直到最后破坏，并且根据声发射和应力、应变曲线特征将煤岩压裂过程分为进裂型、破裂型和稳定型三大类。赵洪宝等[28]利用 MTS 815 电液伺服岩石试验系统进行了含瓦斯煤样的单轴压缩力学试验，结果表明在单轴压缩力学试验下含瓦斯煤样的体积应变与应力关系曲线较为复杂，可分为体积应变随轴向应变增加阶段、体积应变随轴向应变减小阶段和体积应变为负阶段，并且还根据含瓦斯煤样的单轴压缩力学试验，回归得出了含瓦斯煤样的损伤方程。颜志丰等[29]为模拟研究煤储层水力压裂效果，对煤样进行了饱水条件下的常规单轴压缩试验和声发射测试，试验结果显示在常规单轴压缩条件下，煤在平行层面上其力学性质具有方向性差异，并且在单轴压缩条件下煤样变形破坏表现出的全应力-

应变曲线形态大体可以概括为迸裂型、破裂型和稳定型。

秦虎等[30]运用数字式应变数据采集仪、声发射监测系统和自行研制的煤岩固-气耦合细观力学试验系统等装置,对煤岩进行了不同含水率煤样在常规单轴压缩下的声发射特征试验,结果表明水对煤样的力学特性和声发射特征有明显影响。刘京红等[31]为实时观测煤岩细观破坏过程,对煤岩进行了单轴压缩破坏过程的 CT 扫描试验,应用分形理论分析了煤岩破坏过程的 CT 图像,证明了用分形维数量化煤岩破裂过程的合理性。王剑波等[32]为研究尺寸效应对煤岩力学性质的影响,利用 RMT-150B 岩石力学试验系统对 9 组不同高宽比的立方体煤岩样进行了单轴压缩试验,并且拟合分析得出煤岩样尺寸与抗压强度、弹性模量的定量关系式;同时基于应变等效假设,提出考虑尺寸效应的煤岩损伤统计本构模型,并发现该模型能较好地反映煤岩峰值强度前的应力应变关系。潘一山等[33]利用自主研制的电荷感应仪,利用单轴压缩条件下煤岩电荷感应试验系统研究了煤、花岗岩、砂岩在不同加载速率下的电荷感应规律,并且认为采用电荷感应方法预测预报动力灾害是可行的。刘刚和李明[34]在电液伺服岩石三轴试验系统上进行了煤岩的单轴压缩试验,结果表明在单轴压缩下,大部分煤样表面出现剥落并发生 X 状共轭斜面剪切破坏或劈裂破坏,不同煤岩试样的强度离散性较大,对于强度较大的试样,其弹性模量也较大。刘恺德等[35]针对淮南矿区 B10 煤层以水平层理为主,且层理性较强的特点,通过巴西劈裂及单轴压缩试验,研究煤岩在垂直和平行于层理面方向上的拉、压力学特性,对加载方向与层理面垂直、平行时煤岩的劈裂和单轴压缩力学特性及机制进行了研究。高保彬等[36]、李回贵等[37]对煤岩在单轴压缩下的宏观破裂结构特征和煤岩破裂过程中的声发射特性及分形特征进行监测试验,研究表明煤岩破坏过程中声发射序列都具有分形特征,并且声发射特性能够较好地反映煤岩的破裂过程,可以作为预测煤岩动力灾害的前兆。

徐军等[38]从能量角度对线弹性材料受压破坏和裂纹扩展产生原因进行了阐述,指出线弹性阶段裂纹的扩展动力源自应变能的释放,并且通过物理实验和数值试验从宏观和细观两方面对颗粒煤岩受压破裂过程中裂纹扩展做了进一步研究,研究结果将有利于进一步研究岩土类颗粒材料受压破裂过程中的裂纹扩展规律。朱传奇等[39]基于断裂力学分析无限大板内单一闭合裂纹的破裂行为,得到了单轴压缩下裂纹破裂强度的解析表达式,并与以库仑-莫尔准则为判据的岩块破裂行为进行比较,探讨裂纹对煤岩体破裂行为的影响,分析得出单轴压缩下含单一闭合裂纹煤岩体强度和破裂方式由裂纹面强度和岩块强度共同控制,煤岩体沿裂纹面破裂,其强度由裂纹面强度控制。梁鹏等[40]通过对煤岩进行单轴压缩试验,借助声发射和数字图像处理技术,对单轴压缩下煤岩的裂纹开裂扩展特性进行系统研究,试验结果揭示了煤岩变形破坏规律,进一步阐明了煤岩的破裂机制。孙超群等[41]基于光滑粒子流体动力学(smoothed particle hydrodynamics, SPH)数值计算方法,研究了非均质煤岩材料单轴压缩试验的声发射效应，揭示了煤岩的声发射效应随均质度 m 的变化规律。李保林等[42]提出了计算理论变异函数模型参数的自动-人工拟合方法，利用 MATLAB 开发了煤岩破裂过程表面电位云图软件，并对预制45°裂纹岩样进行了单轴压缩试验，再利用该软件绘制了岩样变形破裂过程中的表面电位云图，分析了表面电位分布与试样破裂状态的对应关系，为煤岩体破坏、稳定性测试及分析提供了技术手段。张辛亥等[43]为进一步研究煤岩在低温下的损伤力学特性，将煤样冻结到不同温度后进行单轴压缩试验研究其力学性质及破坏特点；试验结果表明，煤岩随温度降低逐渐呈现脆性增强、塑性减弱的趋势，其破坏以类似岩片崩落为主。任晓龙等[44]对煤岩进行单轴压缩试验，研究层理角度对煤岩单轴力学特性和破坏模式的影响规律；试验结果表明，层理角度对煤岩力学性质有较大影响，单轴抗压强度和弹性模量随着层理角度的增大表现出先减小后增大的规律，变形破坏方式也随层理角度不同出现脆性破坏和脆延性破坏 2 种形式，在破坏模式上也随层理角度不同出现 3 种破坏方式。

　　随着试验方法、试验手段和试验技术带来的变革，煤岩单轴抗压强度的实验室研究已经越来越深入，但由于煤岩单轴抗压强度的影响因素较为复杂，且煤岩样品的制备及试验技术和方法的不同都会对试验结果产生较大影响，在分析特定研究区块的煤样力学特性时，有必要开展相应的单轴压缩试验来研究煤岩力学特性。

1.2.2　三轴压缩下煤岩力学特性研究现状

　　煤岩的三轴压缩试验主要是研究在储层围压下煤岩的强度和变形特征，为储层真实应力条件下的煤岩力学特性分析提供依据。1911 年 von Karman 首创三轴压力试验，而后岩石的三轴压缩试验研究得到了长足的发展，如今常规三轴压缩试验已经是人们认识复杂应力状态下岩石力学性质的重要手段，也是建立岩石强度理论的主要试验依据。Evans 和 Pomeroy[45]早在 20 世纪 60 年代就开展了煤的压缩强度的试验研究；Hobbs[46]、Bieniawaski[47]、Atkinson 和 Ko[48]也相继研究了煤的强度及三轴压缩状态下的应力-应变规律；Ettinger 和 Lamba[49]、Tankard[50]采用坚固性系数测定法研究了瓦斯介质条件下煤的强度性质，得出吸附瓦斯降低了煤样强度的结论；White[51]在柔性试验机上用三轴测定装置研究了不同围压下煤样的变形规律。

　　Medhurst 和 Brown[52]应用岩石伺服试验机对大煤样进行了常规三轴压缩试验，试验得出煤样峰值抗压强度随围压增加而增大，对于试验用的次光亮型煤，围压从 0.2MPa 增加到 5.0MPa 时，峰值抗压强度从 12.7MPa 增加到 44.5MPa。

　　Deisman 等[53]为研究煤层水平井井壁稳定问题，开展了带有孔隙压力的煤岩三轴应力测试试验，分析应力加载路径与煤岩破坏演化方式间的关系，得出不同孔隙内压不同应力加载方式下煤岩破坏的演化规律。

靳钟铭等[54]采用 MSS-300 型真三轴压力机对尺寸为 300mm×300mm 的大煤样试件进行压裂试验，得出煤样强度随试件尺寸的增大呈非线性降低的结论，并通过回归分析得出两条煤样强度与煤样受载面积的围包曲线。

杨永杰等[55]采用 MTS 815.03 电液伺服岩石试验系统研究了不同侧压条件下工作面煤岩的变形与强度特征，研究表明煤岩的微组分、微结构及沉积环境复杂多变造成其强度低且离散性大，在围压作用下煤岩中发育的空隙裂隙被压密闭合，导致煤的弹性模量随围压的增大而增大，但不呈线性关系，同时煤的轴向破坏应力及残余强度也随围压的增大而增大。

孟召平等[56]基于沉积岩石类型，研究了不同侧压条件下煤岩的变形与强度特征，试验结果表明，煤岩承载后发生的变形与破坏形态与其所承受的有效侧压大小有关，主应力差-应变曲线斜率随侧压增加明显变陡，侧压对煤岩的破坏机制影响显著，煤样单轴压缩条件下为典型的脆性张破坏，在一定侧压条件下为弱面剪切破坏和塑性破坏，随着侧压的增大，煤岩应力-应变曲线由应变软化性态向近似应变硬化性态过渡，并伴有体积膨胀现象。

王宏图等[57]使用英国产 Insrton-1340 型电液伺服压力试验机在三轴不等压应力状态下对煤样进行单一煤岩及层状复合煤岩的变形和强度特性试验，试验得出在一般三轴应力状态下单一煤岩与复合煤岩具有相似的变形规律，其应力-应变曲线一般都属于凹向下型或直线型，曲线一般都将经历初始压密阶段、线弹性变形阶段、应变硬化阶段和应变软化阶段四个阶段，另外试验还研究了煤岩的峰值强度受中间主应力的影响，结果表明随最小主应力的增加峰值强度的影响程度将逐渐减弱。

孔海陵等[58]对淮北矿区含瓦斯煤体进行了三轴试验，并用岩石破裂过程模拟软件 RFPA2D 模拟 3 种不同围压下含瓦斯煤体强度、变形和破坏规律，发现煤体极限抗压强度、残余强度和弹性模量随围压的增大而增大，而残余变形随围压的增大而减小；此外，随着围压的不断变化，含瓦斯煤体的破裂形式也随之变化，含瓦斯煤体的宏观破裂面与最大主应力方向的夹角随围压的增大而逐渐增大。

刘泉声等[59]、刘恺德[60]基于原煤试件，通过 MTS 815.04 电液伺服岩石试验系统进行高应力下原煤的常规三轴压缩试验，研究煤岩的变形、强度及破坏特征，得出了煤岩偏应力-轴向应变曲线。煤岩在低围压条件下，峰后脆性破坏特征明显；随着围压的升高，峰后开始呈现延性特征，且围压越高，延性特征越明显，峰值轴向应变呈抛物线增加趋势，峰值侧向应变则呈线性增加趋势。

随着科技的不断发展，科研人员开始尝试将三轴压缩试验与声发射、电磁辐射和电荷感应等监测手段相结合，判断和分析煤岩受压破坏过程的不同特征。艾婷等[61]利用 MTS 815 电液伺服岩石试验系统，进行了不同围压下煤岩的三轴压缩声发射定位试验，并研究了煤岩破裂过程中声发射时序特征、能量释放与空间演化规律，揭示了煤岩破裂过程中声发射的围压效应，结果发现声发射时空定位演化规律较好地对应破裂事件从单一到复杂、从无序到有序的演化过程。

王德超[62]采用 MTS 815.02 电液伺服岩石试验系统结合 AEZIC 声发射监测系统，对煤和灰岩开展了单轴和常规三轴压缩的声发射试验，研究和预测了三轴压缩煤岩破裂失稳的声发射特性，通过对三轴室内部的声发射试验压头及设备的改进，实现了全面真实声发射信号的可靠接收，在此基础上进行了煤样分级加载的声发射试验，对煤样分级加载蠕变条件下的声发射规律进行了分析。

徐涛等[63]运用岩石破裂过程 RFPA2D 模拟分析系统，对煤岩在孔隙压力作用下的变形强度特性开展了数值模拟试验研究，得出了在实验室条件下很难观测到的煤岩试样变形和破裂过程中的声发射演化规律。

唐治等[64]利用自主研制的电荷感应仪，建立了三轴压缩条件下煤岩电荷感应试验系统和温度对煤岩电荷感应影响试验系统，通过对电荷感应的研究，根据电荷-能量联系定律，提出了煤岩变形破裂过程中产生的电荷信号是因煤岩能量释放而产生的观点，认为煤岩产生的电荷量可作为煤岩释放能量的量度。

尹光志、王登科等[65-70]开展了两种含瓦斯煤样(型煤和原煤)变形特性与抗压强度的试验，对比得到两种含瓦斯煤样的变形特性和抗压强度的变化规律是一样的；基于内时理论建立了含瓦斯煤样三轴压缩损伤本构模型；采用非关联塑性流动法则，建立了反映各种应力条件下力学行为的含瓦斯煤样耦合弹塑性损伤本构模型及三轴压缩条件下含瓦斯煤样黏弹塑性蠕变模型。

李小双等[71]进行了含瓦斯突出煤样三轴压缩下力学性质试验研究，发现随着瓦斯压力的增加，突出煤样的三轴抗压强度线性单调递减，而峰值应变线性单调增加。弹性模量与瓦斯压力整体上呈二次非线性对数关系，随着瓦斯压力的增加，突出煤样的弹性模量单调减小；随着有效应力的增加，含瓦斯突出煤样的弹性模量、三轴抗压强度和峰值应变均单调增加。

王维忠等[72-73]对三轴压缩条件下突出煤样的黏弹塑性蠕变模型及本构关系进行了研究。通过不同荷载水平的含瓦斯煤样常规三轴蠕变试验，得到含瓦斯成型煤样常规三轴蠕变特性，并对试验曲线进行了数学拟合研究，建立了含瓦斯煤样三轴蠕变本构模型。分析表明，突出煤样在低于其长期强度荷载条件下表现出一种衰减蠕变特性，在高于其长期强度荷载条件下表现出非衰减蠕变特性。

1.2.3 煤岩蠕变力学性质研究现状

近些年随着流变学的发展，蠕变效应一直是国内外学者研究的重点，诸多科研工作者在蠕变特性方面做了大量研究。流变学是研究物质在外力场或其他物理场的作用下，物质的变形和流动的科学。流变学主要是探讨材料在应力、应变、湿度、温度、辐射等条件下，材料与时间因素有关的变形、流动和破坏的规律性，即时间效应[74]。许多学者发现，假如作用于材料的应力保持恒定，则材料变形可随时间而持续发展，这种特性就是"蠕变"或"流变"。流变学形成于 19 世纪 30 年代，到现在它的发展已经为相关学科的研究奠定了更严格的理论基础[75]。在国外，对流变学的研究一直处于领先地位，大多学者都是对现有模型进行应用或改进，再得到一些更适合实际的模型进行应用[76-80]。随着流变学的发展，其理论越来越多地被应用到各个领域。

目前，已有很多学者关注岩石蠕变力学研究，蠕变是岩石类材料的一个重要力学特征，其对岩石工程的稳定性具有重要意义[81-83]。1939 年 Griggs[84]提出了在砂岩、泥板岩和粉砂岩等类岩石中，当荷载达到破坏荷载的 12.5% ~ 80%时就发生蠕变的理论观点。之后，随着人们对岩石蠕变试验的研究越来越多[82,85-92]，煤岩的蠕变试验逐渐发展起来，有关煤岩的蠕变力学性质的研究资料和成果越来越趋于丰富和完善。

煤岩体为复杂的非均质介质，具有复杂的物理力学性质。煤矿深部的煤岩体长期处于高围压和高地应力条件下，内部的结构面处于压密阶段，表现出一定的强度和稳定性；由于地下采掘活动的影响，围压降低，煤岩体内的结构面未被压实，呈现不闭合状态，从而使煤岩体的力学性质有所降低；对于长期处在埋藏较深，水平应力高于垂直应力条件下的煤岩体，既表现出较为坚硬的力学特性，也有一定程度的软岩特征[93]。因此，在裂隙场、应力场、温度场等多场耦合作用下，深埋于地下的各种巷硐围岩随时间的增加而缓慢变形，这种变形与煤岩体的流变息息相关。深部煤矿巷道围岩的流变性尤为突出[94-96]，这也是导致煤矿动力灾害事故频频发生的主要原因。从流变力学角度考虑，研究巷道围岩蠕变机理及其时间效应[97]，可以为煤矿巷道支护的研究提供理论依据，对于实际巷道支护工程和矿山灾害治理具有重要意义[98-100]。

蠕变试验装置的研制是进行岩石蠕变试验和分析岩石蠕变特性的前提条件。岳世权等[101]利用自行研制的压缩蠕变试验装置，对煤样进行了蠕变试验研究，根据试验结果，将蠕变强度与瞬时强度进行了比较，拟合得出了蠕变曲线经验公式。王旭东和付小敏[102]利用自行研制的试验仪器对大量的蚀变岩进行单轴压缩流变试验，通过对蚀变岩的蠕变特性进行分析，得到了该种岩石的改进西原模型。曹树刚和鲜学福[103]对可能产生煤与瓦斯延迟突出的煤岩进行了常规的物理力学性质试验，在微观损伤分析的基础上提出了煤岩损伤的偏应力检测法，获得了蠕变发生的过程。张玉军和刘谊平[104]以层状岩体地下洞室开挖为算例，建立了一种正交各向异性岩体的黏弹-黏塑性模型，推导了相应的数值计算表达式。张小涛等[105]

通过对煤岩蠕变破坏特征的分析,提出了煤岩破坏的蠕变突变模型及其本构方程,获得了当应力达到某一程度时,煤岩体蠕变破坏所需的时间。

Fabre 和 Pellet[106]对 3 种含黏土成分较多的软岩进行了单轴压缩蠕变特性试验,并考虑了不同加载方式、轴向荷载与层理之间的不同关系对蠕变试验结果的影响。付志亮等[107]以软岩非线性蠕变理论为基础,对含油泥岩的弹性模量、泊松比、蠕变变形速率进行了测试和研究。Dubey 和 Gairola[108]对盐岩进行了单轴压缩蠕变特性试验,将轴向荷载与层理之间的关系分为 3 种,即垂直、平行和斜交,并分析了轴向荷载与层理之间的不同关系对瞬时弹性变形、减速阶段持续时间等的影响。

随着岩石蠕变特性逐渐被重视,很多学者进行了蠕变常规试验,从宏观分析蠕变过程中的影响因素,完善岩石蠕变特性研究。陈绍杰等[109]通过对煤岩进行蠕变试验研究,发现煤岩流变过程中有微破裂破坏即损伤存在,西原模型可以较好地描述该煤岩的初始蠕变和等速蠕变阶段,但不能描述加速蠕变阶段。梁卫国等[85]通过盐岩的蠕变试验,发现盐岩蠕变特性会因矿物组成成分、加载应力水平的不同而异,并通过分析建立了盐岩瞬态蠕变和稳态蠕变的耦合本构方程,结果较好地反映了盐岩的蠕变行为。艾巍等[110]以煤岩单轴蠕变试验为例,对煤岩力学性质进行分析,建立了煤岩破坏的蠕变模型和本构方程,模型较好地反映了煤岩体的蠕变破坏规律。张耀平等[111]对煤岩采用分级增量循环加卸载试验,验证了软岩蠕变过程中不仅存在损伤机制,也存在硬化现象。岳世权等[101]根据煤样的单轴压缩蠕变规律,建立了流变对数理论模型。尹光志等[112]通过研究煤岩体不同蠕变阶段的蠕变规律,提出了适合煤岩体的五元弹塑性蠕变模型。王维忠等[113]在鲍埃丁-汤姆逊体的基础上,引入一个非牛顿流体,从而建立了突出煤岩体黏弹塑性流变模型。杨小彬等[114]利用硬化函数和三元件蠕变模型,建立了煤岩体损伤蠕变模型,进而推导出了煤岩体损伤蠕变方程。范翔宇等[115]基于宾汉姆体等现有蠕变模型,提出了一种新的储气层煤岩体流变模型,经证实所提出的蠕变模型对于描述蠕变各阶段蠕变规律效果良好。

煤岩流变内容十分丰富,涉及面很广,获得了众多基础学科的支持,已经积累了很多实际材料并总结出了许多规律性认识。研究者通常以材料力学、断裂损伤力学、弹塑性理论、流变性原理等传统科学为基础,应用力学模型、数学方法及试验研究来建立煤岩流变模型并分析煤岩的稳定性。目前,在研究岩土流变特性方面,在试验的基础上,多采用现有流变学模型或改进现有模型进行分析。国内外学者对该领域进行了探索,获得了不少宝贵成果。今后将有更多学者寻求新的流变模型,通过大量试验验证和数值模拟方法进行研究,以更好地描述煤岩性质,保证开采的安全。

1.3 煤岩渗透特性研究现状

1.3.1 煤岩渗流试验研究现状

地下工程中的破碎煤岩体属于多孔介质，关于破碎煤岩体的渗流规律，国内外学者通过试验的方法进行了诸多研究，取得了较为丰富的成果。

1856 年，Darcy 基于砂柱渗流实验结果，总结出了著名的 Darcy 定律[116]：

$$v = K'J \tag{1-1}$$

式中，v 为流体的渗流速度；K' 为流体的渗透系数；J 为水头梯度。

采矿工程及其他岩土工程中所涉及的渗流问题大多不能采用 Darcy 定律描述，这是由于此类渗流往往属于非线性渗流问题[117]。

堆石体的孔隙率通常情况下较大，试验过程中，当堆石体的渗流速度非常小时，其渗流规律才符合 Darcy 定律。自然堆放状态下的堆石体，试验过程中其渗流速度较大，因此堆石体的渗流呈现为非 Darcy 渗流现象。

Forchheimer 于 1901 年提出了非 Darcy 渗流的基本公式[118]：

$$J = Av + Bv^2 \tag{1-2}$$

Hubbert[119]提出了非 Darcy 渗流的基本公式：

$$J = Av + Bv^2 + C\frac{\partial v}{\partial t} \tag{1-3}$$

式中，A、B、C 为与堆石体及流体性质有关的参数。

Johnson[120]通过观察试验结果，得到了非 Darcy 渗流另外的形式：

$$J = av^{m_0} \tag{1-4}$$

$$v = kJ^{b_0} \tag{1-5}$$

式中，k、a、b_0 为系数；m_0 为渗流指数，$m_0 = 1 \sim 2$。

Legrand[121]通过试验测得了堆石体渗流过程中的压力差，并给出了 Reynolds 数、摩擦因子的关系式。Moutsopoulos 等[122]构建了直径 0.5m、高度 2.3m 的垂直金属柱，通过试验研究了多孔介质中惯性流动的水力特性。Tzelepis 等[123]研究了散体颗粒的渗流行为，通过试验确定了水头梯度，并验证了一维流动的假设，试验结果表明 Forchheimer 和 Izbash 方程能够充分描述该试验的流动特性，并估计了这些方程中的系数。斯蒂芬森[124]详细总结了不同粒径的堆积破碎岩体的渗透试验结果，从而定义了堆积体的渗流 Reynolds 数：

$$Re = \frac{vd}{\phi\mu} \tag{1-6}$$

式中，d 为堆积体尺寸；v 为渗流速度；μ 为渗流液体动力黏度；ϕ 为孔隙率。

国内学者针对堆石体的渗透特性也进行了深入研究。徐天有等[125]针对土石体运用自行设计加工的渗透仪进行了渗透试验研究，建立了多孔介质渗透规律的表达式。Yamada 等[126]测量了粗砾石准确的渗透率，推导出基于湍流定律的方程，研究了任何类型流动条件下的渗流问题。邱贤德等[127-128]研究了级配性质对堆石体渗流特性的具体影响，试验结果表明，当堆石体中的渗流速度较大时，需要对 Darcy 定律进行修正，且给出了堆石体颗粒含量与渗透系数之间的经验公式。高玉峰和王勇[129]针对电站大坝填充的堆石料，研究了饱和方式和泥岩含量对堆石料渗透系数的影响，得到了泥岩含量与堆石料渗透系数之间的关系式。许凯等[130]研究了工程中堆石坝的渗流场问题，采用非 Darcy 定律来描述堆石坝渗流场中的渗流行为，提出了 Forchheimer 方程的非线性有限元公式，并对堆石坝的渗流场问题进行了研究。

上述开展的堆石体渗流试验主要是在非承压状态下完成的，因其孔隙率对渗流特性的影响较小，故未涉及孔隙率的变化对堆石体渗透特性的影响。而深部煤岩体大都承受较大的地应力，其内部的孔隙率时刻发生着变化，尤其是破碎煤岩体在压实过程中孔隙结构调整幅度较大，对其渗透特性的影响不可忽视。因此，对于承压破碎煤岩体渗流问题的研究受到了更多学者的关注。刘玉庆等[131]自主研发了一种岩石散体渗透装置，并利用该装置完成了破碎煤岩体渗流性质的测试工作，通过线性回归给出了破碎煤岩体的渗流规律。

刘卫群[132]、马占国等[133-139]、黄伟[140]采用轴向位移控制法，测试了破碎页岩、破碎砂岩及破碎煤岩体的渗流特征，分析了轴向应力对破碎煤岩体渗流特征的影响。孙明贵等[141]利用破碎岩石渗透装置，采用轴向荷载控制法，在室温条件下进行 4 种粒径破碎砂岩的渗流试验，得到了渗透特性与轴向应力、颗粒直径之间的关系。

师文豪等[142]、Yang 等[143]建立了破碎煤岩体突出的非 Darcy 渗流模型，通过数值模拟的方法得到了破碎煤岩体导水通道的非 Darcy 渗流特性。李顺才等[144]、黄先伍等[145]分别对破碎泥岩、破碎砂岩及破碎矸石进行了渗流试验研究，得到了破碎煤岩体渗透特性与孔隙率之间的关系，结果表明孔隙率是影响破碎煤岩体渗透特性的主要因素之一。张天军等[146-149]利用 DDL600 电子万能试验机与破碎岩石渗透仪，研究了不同岩性试样渗透特性的变化规律。图 1-1 给出了不同岩性的破碎岩样的渗透性比较。

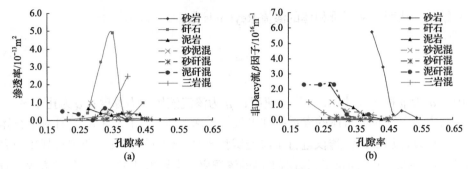

图 1-1　不同岩性破碎岩样渗透性比较

李顺才[150-151]研究了破碎砂岩、破碎灰岩及破碎矸石的非 Darcy 渗流特性,给出了渗流速度与孔隙压力之间的关系,并探讨了孔隙率对渗透特性的影响。王路珍等[152]研究了加载方式对破碎煤岩体试样渗透特性的影响,采用两种不同的加载路径测试了配径碎煤的渗透特性,给出了两种方案下破碎煤样孔隙率与渗透特性的拟合公式,分析了加载历程对破碎煤样渗透特性的影响。

姚邦华[153]、王路珍[154]通过自行研制的破碎岩体渗透系统,研究了变质量破碎岩体的流固耦合问题,建立了考虑破碎岩体渗流过程中质量流失的动力学方程组,并采用数值计算方法,研究了煤矿陷落柱突水的具体过程。

此外,李树刚等[155-158]采用数控瞬态渗透法分别对软煤样和高瓦斯煤样进行了全应力应变过程中的渗透特性试验,得出了软煤样渗透性与应力、应变之间的关系,分析了孔隙结构对高瓦斯煤样渗透特性的影响。

上述关于堆石体或破碎煤岩体的渗流试验大都是在侧限条件下完成的,即试验过程中不能对围压进行调节。但矿井深部堆积的破碎煤岩体必定承受很高的三维应力,因此对于破碎煤岩体三维应力水平下渗透特性的变化规律需要进行全面研究。

1.3.2　煤岩体变形与渗流时间效应研究现状

破碎煤岩体变形与渗流行为的关系与煤矿安全生产密切相关。采掘过程中破碎煤岩体变形与渗流发展到一定时间后会导致围岩结构失稳,引发突水或煤与瓦斯突出等动力灾害[159]。

对于散体变形的试验研究大都是在干燥条件下完成的。程展林和丁红顺[160]、汪明远等[161]、梁军等[162]、Parkin[163]、郭兴文等[164]研究了岩石散体变形随时间的变化规律,建立了堆石料蠕变的数学模型。蒋鹏和杨淑碧[165]利用万能试验机开展卵石土的蠕变试验研究,得到了卵石土的强度特征及蠕变参数的变化规律。王勇和殷宗泽[166-167]研究了堆石体的蠕变特性,计算得到了堆石体流变模型中的各参数,并利用椭圆-抛物线双屈服面模型模拟了堆石体的变形过程。

王永岩等[168]针对矿井深部巷道围岩的变形破坏问题，采用数值模拟方法，研究了不同应力水平下巷道围岩的蠕变特性。朱合华和叶斌[169]选取不同埋深的岩样，分别对岩样进行高温干燥和浸泡并开展蠕变试验，探究了含水状态对岩样蠕变特性的影响规律。刘建忠等[170]进行了三向应力状态下煤岩体的蠕变试验研究，得到了蠕变参数的变化规律，并分析了应力水平对煤岩体蠕变特性的影响。李化敏等[171]、张向东等[172]分别对大理岩与软岩进行了单轴压缩蠕变试验，分析了蠕变强度与瞬时强度之间的关系，并建立了蠕变理论模型。崔强[173]、姚华彦等[174]为了探究化学侵蚀作用对岩石强度特征的影响，进行了不同化学溶液浸泡下的砂岩及石灰岩的三轴蠕变试验，分析了化学溶液腐蚀对岩石蠕变特性及渗透参量的具体影响。阎岩等[175-176]研究了石灰岩在不同应力状态下的流变特性，分析了应力水平对石灰岩流变特性的影响。

对于破碎煤岩体渗流时的流变特性的研究相对较少。陈占清等[177]分别对饱和状态和自然含水状态下的破碎砂岩、灰岩进行了渗流蠕变试验，得到了各级应力水平下破碎岩样孔隙率与时间的变化规律。李顺才等[178]分别对粒径为 10～15mm 的散体矸石和破碎砂岩进行了 5 级应力水平下的蠕变试验，计算了渗流稳定时破碎岩石的渗透参量。

关于岩体变形与渗流耦合的研究，现有文献中尚未考虑粒径配比对破碎煤岩体渗透参量的影响。因此，采用分级加载的方式，对不同粒径配比下的破碎煤岩体，开展恒载作用下的阶段性渗流试验显得很有必要。

1.3.3 煤岩渗流理论研究现状

学者在破碎煤岩体渗流理论方面同样进行了大量研究。Martins[179]、Markevich 和 Cecilio[180]研究了堆石体的紊流流速，分析了堆石体渗流过程中的稳定性。Oshita 和 Tanabe[181]研究了混凝土中水渗流的机理，同时研究了影响孔隙水压力的主要因素。Wen 等[182-183]研究了密闭含水层中水的非 Darcy 流动规律，基于非 Darcy 流动方程，使用幂律函数得到了含水层中水流动方程的解析解。Panflov 和 Fourar[184]采用 Navier-Stokes 方程的有限元法分析了多孔介质的流动特性，研究了多孔介质高速稳定渗流问题。Ewing 和 Lin[185]基于网格配置及数学方法研究了多孔介质中非 Darcy 流动的一些数值井模型。Bordier 和 Zimmer[186]研究了多孔介质中的紊流问题，使用平均渗透率作为定义摩擦系数和雷诺数的特征长度，并从理论上分析了适用于高雷诺数渗流的经验公式。Mohammad 和 Salehi[187]研究了 6 种不同尺寸的堆石体的渗流行为，并采用不同的孔隙压力来评估其渗流特性。Javadi 等[188]根据数值模拟结果建立了粗糙裂隙流体非线性流动的几何模型，并利用不同的试验结果对该模型进行评估，发现模型与模拟结果之间具有很高的精度。

李广悦等[189]、丁德馨等[190]建立了堆石体流态指数与渗透率的 ANFIS 模型。于留谦和许国安[191]理论上推导了堆石体非 Darcy 渗流的渗流场控制方程，并建立了三维渗流数值模型，运用计算机编程计算了堆石坝的渗流特性。刘卫群和缪协兴[192]采用 RFPA 数值模拟软件，分析了潞安集团王庄煤矿采空区破碎煤岩体中瓦斯的渗流规律及分布特征。Cherubini 等[193]基于 Forchheimer 方程分析了破碎煤岩体的渗流规律。陈占清等[194]研究了采动围岩的渗透特性，分析了采动围岩渗流系统的稳定性，建立了渗流系统的动力学方程。李顺才等[195]研究了破碎煤岩体水渗流与气体渗流系统的流固耦合分岔行为，建立了气体渗流动力学方程组，分析了破碎煤岩体气体渗流的稳定性。破碎煤岩体非 Darcy 渗流的方程组包括连续性方程、运动方程及状态方程。

对于破碎煤岩体一维非 Darcy 渗流，连续性方程为

$$\frac{\partial(\rho\phi)}{\partial t} + \frac{\partial(\rho v)}{\partial x} = 0 \tag{1-7}$$

式中，ρ 为流体的质量密度；ϕ 为孔隙率；v 为渗流速度；t 为时间；x 为沿 x 方向。

运动方程为

$$\rho c_a \frac{\partial V}{\partial t} = -\frac{\partial p}{\partial x} - \frac{\mu}{K}V - bV^2 - \rho g \tag{1-8}$$

式中，c_a 为加速度系数；V 为速度的表征函数；b 为 Darcy 流偏离因子；p 为孔隙流体压力；μ 为流体动力黏度；K 为破碎煤岩体的渗透率。

状态方程为

$$\rho = \rho_0[1 + c_f(p - p_0)] \tag{1-9}$$

$$\phi = \phi_0[1 + c_\phi(p - p_0)] \tag{1-10}$$

式中，p_0 为参考压力；ϕ_0、ρ_0 为初始孔隙率和初始质量密度；c_f 为流体的等温压缩系数；c_ϕ 为孔隙压缩系数。

得到破碎煤岩体一维渗流的动力学模型为

$$\begin{cases} \dfrac{\partial \bar{p}}{\partial \bar{t}} = -a_0 \dfrac{\partial \bar{v}}{\partial \bar{x}} \\ \dfrac{\partial \bar{v}}{\partial \bar{t}} = -a_1 \dfrac{\partial \bar{p}}{\partial \bar{x}} - a_2 \bar{v} - a_3 \bar{v}^2 - a_4 \end{cases} \tag{1-11}$$

式中，$\bar{p}$ 为无量纲的压力；$\bar{v}$ 为无量纲的渗流速度；$\bar{t}$ 为无量纲的时间；a_0、a_1、a_2、a_3、a_4 为系数。

关于破碎煤岩体渗流理论方面的研究，以上主要是对破碎煤岩体的一维、二维渗流进行了较多计算，并取得了不少成果，而实际工程中的破碎煤岩体渗流属于三维渗流，如何建立破碎煤岩体三维渗流方面的理论有待进一步研究。

采动影响下，围岩的破坏区或断层的破碎带，大都是由破碎煤岩体构成的，属于多孔介质[196]，渗透通道较为复杂。多孔介质在外力的作用下发生变形会对其渗流特性产生影响，同时，当多孔介质发生渗流时，其会受到孔隙压力的影响进而导致固体骨架应力的变化，因此破碎煤岩体中的渗流属于流固耦合问题[197]。

Terzaghi[198]研究了多孔介质的流固耦合问题，并建立了多孔介质流固耦合的一维模型。Biot[199,200]建立了多孔介质流固耦合的三维数值模型，并分析了多孔介质中孔隙压力与变形之间的相互影响。Savage 和 Bradock[201]运用三维固结理论研究了各向同性弹性多孔介质中的渗流问题。李锡夔等[202]对饱和土壤固结效应的结构-土壤相互影响的问题进行了深入研究，建立了饱和土壤变形-渗流过程中的控制方程及相应的边界条件。姚邦华等[203]研究了颗粒迁移对破碎岩石渗流特性的影响，建立了陷落柱流固耦合动力学模型。张洪武等[204]借助广义三维固结理论研究了饱和土壤渗流理论及相关的算法问题。

冉启全等[205]建立了流固耦合渗流的数学模型，具体如下：

多孔介质流固耦合渗流的运动方程：

$$\vec{W}_\alpha = \vec{W}_{\gamma\alpha} + \vec{W}_s = \frac{1}{\phi S_\alpha}\vec{V}_\alpha + \vec{V}_s \qquad (1\text{-}12)$$

流体相 α 的 Darcy 速度：

$$\vec{V}_\alpha = -\frac{KK_{\gamma\alpha}}{u_\alpha}(\nabla P_\alpha - \rho_\alpha g\nabla D) \qquad (1\text{-}13)$$

组分连续性方程：

$$-\nabla\cdot\left(\phi\sum_{x=o,g,w}x_i\rho_o S_o\vec{W}_o\right)=\frac{\partial}{\partial x}\left(\phi\sum_{x=o,g,w}x_{i\alpha}\rho_\alpha S_\alpha\right) \qquad (1\text{-}14)$$

变形多孔介质中的多相多组分渗流微分方程：

$$\nabla\cdot\left[\sum_{x=o,g,w}\frac{x_{i\alpha}\rho_o KK_{\gamma\alpha}}{\mu_\alpha}(\nabla P_\alpha-\rho_\alpha g\nabla D)\right]-\nabla\left(\phi\sum_{x=o,g,w}x_{i\alpha}\rho_\alpha S_\alpha\vec{W}_\alpha\right)=\frac{\partial}{\partial x}\left(\phi\sum_{x=o,g,w}x_{i\alpha}\rho_\alpha S_\alpha\right)$$

$$(1\text{-}15)$$

式中，$\vec{W}_\alpha$ 为液体相 α 的渗流速度；$\vec{W}_{\gamma\alpha}$ 为液体相 α 相对于固体相的渗流速度；

$\vec{W}_s$ 为液体相 s 的渗流速度；ϕ 为孔隙率；S_α 为流体饱和度；$\vec{V}_\alpha$ 为达西定义下的速度；$\vec{V}_s$ 为固相岩体的运动速度；K 为渗透率；$K_{\gamma\alpha}$ 为液体相 α 的相对渗透率；μ_α 为液体相 α 的动力黏度；P_α 为液体相 α 的压力；ρ_α 为液体相 α 的密度；g 为重力加速度；D 为标高；ρ_o 为油相 o 的密度；S_o 为油相 o 的饱和度；$\vec{W}_o$ 为油相 o 的渗流速度；x_i 为水相中 i 组分的质量分量；o 为油相，g 为气相，w 为水相。

熊伟等[206]运用固体力学及流体力学理论，研究了地层中水的渗流规律，考虑了孔隙压力对多相流体在变形多孔介质中流动的影响，建立了如下流固耦合数学模型：

质量守恒方程：

流体
$$\nabla \cdot (\phi \rho_i s_i V_i) + \frac{\partial(\phi \rho_i s_i)}{\partial t} = 0 \tag{1-16}$$

固体
$$\nabla \cdot [\rho_m (1-\phi) V_m] + \frac{\partial[\rho_m (1-\phi)]}{\partial t} = 0 \tag{1-17}$$

Darcy 定律
$$\phi s_i (V_i - V_m) = -\frac{K_i}{\mu_i} \nabla p = -\frac{K K_i}{\mu_i} \nabla p \tag{1-18}$$

状态方程
$$c_i = \frac{1}{\rho_i} = \frac{\partial \rho_i}{\partial p} \tag{1-19}$$

应力-应变-压力的关系表示为
$$\sigma_{ij} = 2G\varepsilon_{ij} + \lambda e\delta_{ij} - ap\delta_{ij} \tag{1-20}$$

两相流体流动的耦合方程：
$$\begin{cases} \nabla \cdot \left(\dfrac{K K_i}{\mu_i} \nabla p\right) = s_s[\phi c_s + (a-\phi)c_m]\dfrac{\partial p}{\partial t} + s_s a\dfrac{\partial e}{\partial t} \\ (\lambda + 2G)\nabla^2 e = a\nabla^2 p \end{cases} \tag{1-21}$$

单相流体流动的耦合方程：
$$\begin{cases} \nabla \cdot \left(\dfrac{K}{\mu} \nabla p\right) = \phi c_t \dfrac{\partial p}{\partial t} + a\dfrac{\partial e}{\partial t} \\ (\lambda + 2G)\nabla^2 e = a\nabla^2 p \end{cases} \tag{1-22}$$

其中，$\phi c_t = \phi_t + (a-\phi)c_t$。

式中，ρ_i 为第 i 相流体密度；S_i 为第 i 相流体饱和度；V_i 为第 i 相流体速度；ρ_m 为固体密度；V_m 为基岩的速度矢量；μ_i、K_i、K、ϕ 分别为第 i 相流体的动力黏度、相对渗透率、绝对渗透率及孔隙率；c_i 为第 i 相流体压缩系数；∇ 和 $\nabla\cdot$ 分别为梯度和散度；p 为流体的压力；σ_{ij} 为应力张量分量；ε_{ij} 为应变张量分量；G 为剪切模量；λ 为拉梅常数；e 为体应变，δ_{ij} 为 Delta 函数；a 为 Biot 系数；s_s 为初始流体饱和度；c_s 为初始流体压缩系数；c_m 为试样压缩系数；c_t 为 p_t 时的压缩系数；ϕ_t 为压力在 p_t 时的孔隙率。

孙明等[207]研究了多孔介质储层流体的渗流问题，建立了多相流体的流固耦合模型。李培超等[197]对饱和多孔介质的渗流规律进行了深入研究，建立了饱和多孔介质流固耦合渗流模型。褚卫江等[208]运用广义三维固结理论，给出了变形多孔介质流固耦合方程组的有限元表达式，并采用数值模拟的方法研究了非饱和流固耦合模型的预测能力。马田田等[209]通过对非饱和多孔介质渗流性质的研究，建立了非饱和多孔介质的流固耦合本构模型。李璐等[210]建立了浆液在多孔介质中流动扩散的流固耦合模型，并通过试验与数值计算验证了该模型的正确性。

第 2 章　煤岩体强度理论及试验

2.1　煤岩体强度理论

2.1.1　煤岩体单轴强度及变形特性

1. 单轴抗压强度

煤岩体在单轴压缩荷载作用下达到破坏前所能承受的最大压应力称为煤岩体的单轴抗压强度(uniaxial compressive strength)，或称为非限制性抗压强度(unconfined compressive strength)。其计算公式为

$$\sigma_{\mathrm{c}} = \frac{P}{A} \tag{2-1}$$

式中，σ_{c} 为单轴抗压强度；P 为最大轴向压力；A 为试样的横截面积。

单轴抗压强度是目前地下工程中使用最广泛的岩石力学参数之一。岩石的抗压强度一般在实验室压力机上按照实验规范进行实验，岩石试件抗压强度 σ_{c} 为试件破坏时的荷载 P 与其横截面积 A 之比。我国煤矿常见岩石的强度见表 2-1。

表 2-1　我国煤矿常见岩石的强度

岩石种类		单轴抗压强度 σ_{c}/MPa	单轴抗拉强度 σ_{t}/MPa	抗剪强度 τ/MPa
砂岩类	细砂岩	103.9~143	5.5~17.6	17.4~53.4
	中砂岩	85.7~133.3	6~14	13.3~36.5
	粗砂岩	56.8~123.5	5.4~11.6	12.4~30.4
	粉砂岩	36.3~54.9	1.3~2.4	6.86~11.5
砾岩类	砂砾岩	6.9~121.5	2.8~9.7	7~28.8
	砾岩	80.4~94	4~11.76	6.6~26.4
页岩类	砂质页岩	39.2~90.2	3.9~11.8	20.6~29.9
	页岩	18.6~39.2	2.7~5.4	15.6~23.3
灰岩类	石灰岩	52.9~157.8	7.7~13.8	9.8~30.4
煤		4.9~49	2~4.9	1.08~16.2

2. 破坏形式

单轴压缩下煤岩有 4 种常见的破坏形式，如图 2-1 所示。图中，P 为无侧限

条件下的轴向破坏荷载，β 为破坏角。

　　1) X 状共轭斜面剪切破坏，是最常见的破坏形式。

　　2) 单斜面剪切破坏，这种破坏也是剪切破坏。

　　3) 塑性流动变形，线应变≥0.01。

　　4) 拉伸破坏，在轴向压应力作用下，在横向将产生拉应力。当横向拉应力超过岩石抗拉极限时就会引起拉伸破坏，这是泊松效应的结果。

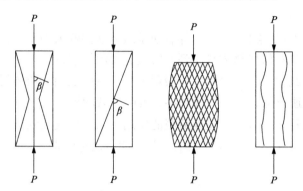

图 2-1　单轴压缩下煤岩的 4 种破坏形式

　　3. 煤岩全应力-应变曲线的特征

　　在刚性试验机下对煤岩进行单轴压缩，得到煤岩的全应力-应变曲线，可将煤岩变形分为下面四个阶段(图 2-2)。

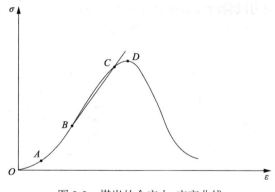

图 2-2　煤岩的全应力-应变曲线

　　1)孔隙裂隙压密阶段(OA 段)。试件中原有张开性结构面或微裂隙逐渐闭合，岩石被压密，形成早期的非线性变形，$\sigma\text{-}\varepsilon$ 曲线呈上凹型。在此阶段试件横向膨胀较小，试件体积随荷载的增大而减小。本阶段变形对裂隙岩石来说较明显，而对坚硬少裂隙的煤岩则不明显，甚至不显现。

2) 弹性变形至微破裂稳定发展阶段(*AC* 段)。该阶段的应力-应变曲线近似呈直线型。其中，*AB* 段为弹性变形阶段，*BC* 段为微破裂稳定发展阶段。

3) 非稳定破裂发展阶段，或称累进性破裂阶段(*CD* 段)。*C* 点是煤岩从弹性变为塑性的转折点，称为屈服点，对应于该点的应力为屈服极限，其值约为峰值强度的 2/3。进入本阶段后，微破裂的发展出现质的变化，破裂不断发展，直至试件完全破坏，试件由体积压缩转为扩容，轴向应变和体积应变速率迅速增大。本阶段的上界应力称为峰值强度。

4) 破裂后阶段(*D* 点以后段)。煤岩块承载力达到峰值强度后，其内部结构遭到破坏，但试件基本保持整体状。到本阶段，裂隙快速发展，交叉且相互联合形成宏观断裂面。此后，岩块变形主要表现为沿宏观断裂面的块体滑移，试件承载力随变形增大迅速下降，但并不降到零，说明破裂的岩石仍有一定的承载力。

因此，可以看出煤岩试件在外荷载的作用下由变形发展到破坏的全过程是一个渐进性发展的过程，具有明显的阶段性，可以反映出煤岩在单轴压缩下变形破坏的一般规律。

2.1.2 煤岩三轴强度及变形特性

地下工程巷硐周围的煤岩体一般处于三向应力状态，所以研究岩石在三向应力作用下的强度及变形特性具有重要意义。按应力的组合方式，岩石的三轴应力试验一般分为三轴等应力试验和三轴不等应力试验两种。三轴不等应力试验的应力组合方式为 $\sigma_1 > \sigma_2 > \sigma_3$ [图 2-3(a)]，主要研究 σ_2 对岩石的强度、变形以及破坏的影响。三轴等应力试验的应力组合方式为 $\sigma_1 > \sigma_2 = \sigma_3$ [图 2-3(b)]，主要研究围压($\sigma_2 = \sigma_3$)对岩石的强度、变形以及破坏的影响。

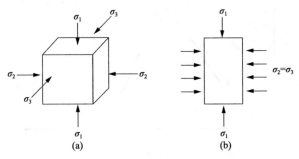

图 2-3　三轴压缩试验加载示意图

岩石三轴抗压强度可在三轴压力试验机上测定，这种试验机施加轴向压力的设备与普通试验机相同，只是另外增加施加侧向压力的设备(图 2-4)。试验时先对试件施加侧向压力，达到预定值后保持不变，然后施加轴向荷载直到试件破坏。

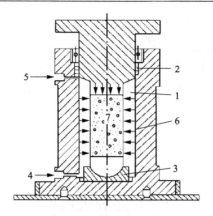

图 2-4 三轴压力试验机

1-压力室；2-密封设备；3-球面底座；4-压力油；5-排气口；6-侧向压力；7-试件

试件在三轴压缩应力作用下能抵抗的最大轴向应力，称为试件的三轴压缩强度。在一定的围压下，对试件进行三轴压缩试验时，试件的三轴抗压强度 R_{3c}（MPa）的表达式为

$$R_{3c} = \frac{P_m}{A} \tag{2-2}$$

式中，P_m 为试件破坏时的轴向荷载，N；A 为试件的初始横截面积，mm^2。

岩石在三轴等压应力作用下，其变形特性将受到围压的影响。图 2-5 为一组大理岩的试验曲线，由图 2-5 可知：①岩石的屈服应力随围压（$\sigma_2 = \sigma_3$）的增大而增大。②弹性段的斜率变化较小，即弹性模量和泊松比在单轴压力下基本相等。③在一定临界围压下，出现塑性流动现象；如果继续提高围压，不再出现峰值，岩石仍保留一定的承载能力，其应力-应变曲线呈单调增长趋势。

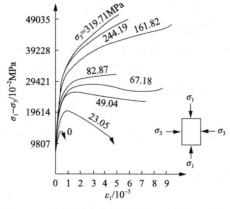

图 2-5 三轴等压应力作用下大理岩的试验曲线

近年来的研究表明，中间主应力对岩石的三轴极限强度和变形有影响，但比 σ_3 的影响要小得多。因此，一般研究岩石(尤其是各向同性岩石)的三轴强度可采用不考虑中间主应力影响的莫尔破坏准则。但对各向异性岩石，当岩石的弱面走向垂直于中间主应力时，其对岩石强度的影响较大，有时达 20%，这就需要进行真三轴试验。

2.1.3　煤岩的破坏机理

1. 岩石的破坏形式

根据煤岩本身性质的差异和破坏前所产生的变形量大小，其破坏形式表现为脆性破坏和塑性破坏两种。脆性破坏一般在围压较小、温度较低、岩性坚硬的情况下发生，特点是破坏前的变形量很小，当继续加载时岩石突然破坏，岩石碎块强烈弹出。通常，把在外力作用下破坏前总应变小于 3%的岩石称为脆性岩石。塑性破坏又称为延性破坏或韧性破坏，多发生在围压大、温度高和岩性软的情况下，特点是岩石在破坏前的总应变量很大，表现出很明显的塑性变形或流变行为，然后才逐渐破坏。通常，把在外力作用下破坏前总应变大于 5%的岩石称为塑性岩石。

岩石的脆性破坏和塑性破坏往往是相伴发生的，且随外力作用和环境(如环境温度、围压和地应力等)的变化而相互转化。根据岩石破坏之前的应变量、微观机理和作用力性质还可将岩石的破坏形式分为塑性、压碎、张裂、剪破和挠曲 5 种类型。但在实际情况中，岩石的破坏形式是相当复杂的，可能同时具有多种破坏形式。

2. 岩石的破坏机理

任何材料的破坏可分为散离部分的相互远离或错开，因此岩石的破坏机理归结到底只有拉坏和剪坏两种基本类型。下面从单轴和三轴压缩试验岩石试件的破坏形式来说明岩石的破坏机理。

岩石试件在进行单轴压缩试验时，因试验机加压荷载大小、试件受载面光滑程度的不同，岩石试件可能出现拉坏或剪坏。一般而言，试件受载面和加压板之间的摩擦力越小，试件出现剪切破坏的可能性就越小。图 2-6 为岩石试件单轴压缩时的破坏形式。

图 2-6(a)为单轴压缩试验引起的立方体试件拉断破坏，称为张裂或压裂破坏。特点是破断后断裂面与加载方向平行。

图 2-6(b)是单轴压缩试验过程中长方体试件的剪切破坏，称为压剪破坏。试件受剪切破坏时其内部的剪应力具有对称性，常出现一组 X 状的倾斜裂缝，称为 X 状剪切裂隙。

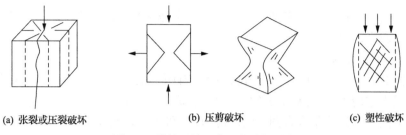

(a) 张裂或压裂破坏　　　　(b) 压剪破坏　　　　(c) 塑性破坏

图 2-6　单轴压缩下岩石的破坏形式

图 2-6(c)是某些塑性岩石试件两个受压面上的变形受到摩擦力阻碍时，产生塑性流动从而导致岩石试件的破坏。由于塑性岩石多因剪切而破坏，所以又常把剪切称为塑性破坏形式。

通常，把剪切面与最大压应力垂直方向所成的角度称为剪切破坏角，一般大于 45°且与岩石强度有关。一般软岩的剪切破坏角较小，而硬岩的剪切破坏角较大，一些岩石的剪切破坏角见表 2-2。

表 2-2　岩石剪切破坏角

岩石种类	花岗岩	砂岩	石灰岩	页岩
剪切破坏角	79°	74°	58°	50°

当岩石承受三轴压缩时(如各向等压)，岩石由于能够承受很大的荷载而觉察不到其破坏。如果三向应力不等，随着围压和主应力差的增大，其极限强度和变形量都会相应增大，当围压增大到一定数值时，岩石试件就会沿某一斜面产生压剪破坏，此时岩石试件的变形特性和理想的塑性材料几乎一样，因此，在三轴高围压压缩条件下，岩石会出现塑性破坏(图 2-7)。

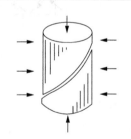

图 2-7　岩石在三轴高围压压缩条件下的塑性破坏

2.1.4　煤岩的强度理论

1. 莫尔强度理论

莫尔强度理论是目前岩石(体)力学中应用最为广泛的理论。莫尔强度理论认为，在受力状态下的材料，当某一截面上的剪应力达到材料的抗剪强度时，岩石的该截面被剪坏，而该剪应力与材料本身性质和正应力在破坏面上所造成的摩擦阻力有关。即材料发生破坏除了取决于该点的剪应力，也与该点的正应力有关。岩石沿某一面上的剪应力 τ 和该面上的正应力 σ 有 $\tau = f(\sigma)$ 的关系，此函数关系式就是莫尔理论强度条件的普遍形式。由此可知，莫尔强度理论可表述为三部分：

①表示材料上一点应力状态的莫尔应力圆；②强度曲线；③将莫尔应力圆和强度曲线联系起来，建立莫尔强度准则。

(1) 莫尔应力圆

如图 2-8(a) 所示，在平面应力状态下，有两个主应力(σ_1、σ_3) 作用在某一点上，则最大主应力 σ_1 与斜切面的外法线 σ_α 成 α 角(α 为剪切角)。σ_α 与 τ_α 的轨迹是一个圆，称为莫尔应力圆。法向应力 σ_α 和剪应力 τ_α 的表达式为

$$\left(\sigma_\alpha - \frac{\sigma_1 + \sigma_3}{2}\right)^2 + \tau_\alpha^2 = \left(\frac{\sigma_1 - \sigma_3}{2}\right)^2 \tag{2-3}$$

在直角坐标系 $\sigma O \tau$ 中是以 $\left(\dfrac{\sigma_1 + \sigma_3}{2},\ 0\right)$ 为圆心，以 $\dfrac{\sigma_1 - \sigma_3}{2}$ 为半径的圆，如图 2-8(b) 所示。

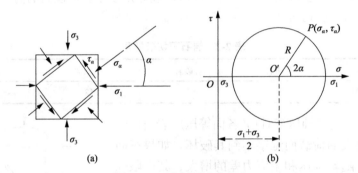

图 2-8 一点平面应力状态

在莫尔应力圆上点的坐标代表最大主应力 σ_1 与斜切面的外法向应力 σ_α 和剪应力 τ_α 的大小，即横坐标代表法向应力 σ_α，纵坐标代表剪应力 τ_α。由于剪切角 α 的不同，材料中一点的各个面上的应力(即一点的应力状态)都可以用莫尔应力圆上的点来表示。

(2) 强度曲线

莫尔理论的强度条件是 $\tau = f(\sigma)$，此函数的图形就是强度曲线。剪切强度与剪切面上正应力的函数形式有多种：直线型、二次抛物线型、双曲线型等。从理论上严格地讲，为了通过试验方法求得 σ-τ 关系曲线，要对岩石试件进行充分试验，得到岩石试件在三轴不等压试验中受到单轴拉、压时的数据，并在 σ-τ 坐标平面上作出一系列代表这些极限状态的应力圆，称为极限应力圆。极限应力圆与强度曲线相切，其切点坐标(σ, τ)表示岩石破坏时，在破坏面上的正应力和剪应力，τ 通常表示极限剪应力或抗剪强度。然后作这些圆的包络线，该包络线就是岩石的强度曲线(图 2-9)，也称莫尔强度包络线。但是，要得到这样一条曲线的代价较大，因而各国学者一直致力于用较为简单的试验得到一条近似的曲线，较广

泛应用的求强度曲线方法如下：

1) 在岩石抗剪强度试验时，改变楔形剪切仪的剪切角来求岩石的强度曲线。

2) 根据单轴拉、压和剪切试验数据，在 σ-τ 坐标系上作出岩石单轴抗拉、抗压和抗剪强度的应力圆，然后作出这三个应力圆的包络线，即所求的强度曲线（图 2-10）。

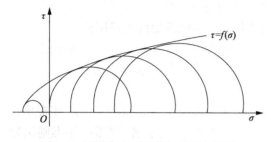

图 2-9　极限应力圆及莫尔强度包络线

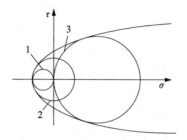

图 2-10　根据单轴拉、压和剪切
试验求强度曲线
1-单拉；2-纯剪；3-单压

强度曲线的主要用途如下：

1) 在强度曲线横轴上，受拉区为由原点向左的区域，受压区为由原点向右的区域。其形状由受压区逐渐向受拉区收缩，反映了岩石抗压强度大于抗拉强度的规律。

2) 利用强度曲线可预测破坏面的方向。由图 2-11(a) 中的极限应力圆 2 可知，因包络线与极限应力圆相切于 M、M' 两点，说明总是成对地出现剪切破坏面，其与最小主应力 σ_3 的夹角为 $\pm\alpha$（+表示由横轴向逆时针方向转动，−表示由横轴向顺时针方向转动）。因强度曲线的形状是由抗拉象限向抗压象限方向张开，破坏面上应力值大小相等但方向相反，所以岩石剪切面与最小主应力的夹角 $\alpha = 45° + \varphi/2$（φ 为岩石内摩擦角），且剪切破坏时经常出现 X 状剪切裂缝，通常一对 X 状剪切破坏面的锐角平分线就是最大主应力方向，见图 2-11(b)。

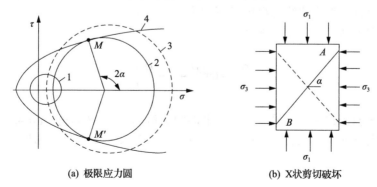

(a) 极限应力圆　　　　　　　　(b) X状剪切破坏

图 2-11　根据岩石强度曲线判断岩石破坏状态示意图

3) 直接判断岩石是否破坏。方法是将应力圆和强度曲线放在同一个 $\sigma\text{-}\tau$ 坐标系中，若此应力圆在包络线之内 [图 2-11(a) 中圆 1]，则岩石不破坏；若应力圆与包络线相切 [图 2-11(a) 中圆 2]，则岩石处于极限平衡状态；若应力圆在包络线之外 [图 2-11(a) 中圆 3]，则岩石将发生破坏。

(3) 莫尔强度准则

岩石强度准则是判断岩石在什么样的应力应变条件下发生破坏。在岩体工程设计计算中，必须给出岩石强度相应的表达式。由强度曲线主要用途 3) 可知，根据应力圆和强度曲线是否相切的条件，可以推导出岩石强度准则的数学表达式，其随强度曲线的形状不同而不同。下面介绍几种常见的莫尔强度准则。

a. 库仑-莫尔强度准则

这是目前应用最为广泛的强度准则，最初由库仑 (Coulomb) 在 1773 年提出，后来莫尔把库仑准则推广到三向应力状态，故称库仑-莫尔强度准则。该准则认为当压力不大时 (一般 $\sigma < 10\,\text{MPa}$)，可用斜直线强度曲线 (图 2-12) 推导出其强度准则的表达式为

$$\tau = c + \sigma \tan\varphi \tag{2-4}$$

式中，c、φ 分别为岩石的内聚力和内摩擦角。

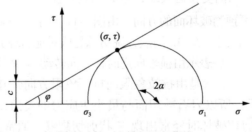

图 2-12　斜直线强度曲线

利用斜直线强度曲线可得出以下结论：

1) 确定单轴抗压与抗拉强度的比为

$$\frac{\sigma_{\text{c}}}{\sigma_{\text{t}}} = \tan^2\left(45° + \frac{\varphi}{2}\right) \tag{2-5}$$

2) 确定剪切破坏面与最大主应力平面的夹角 (即剪切破坏角) $\alpha = 45° + \varphi/2$。

3) 确定三轴应力状态下的抗压强度值。由图 2-12 中的直角三角形关系，经过换算可得

$$\sigma_1 = 2c\sqrt{\frac{1+\sin\varphi}{1-\sin\varphi}} + \frac{1+\sin\varphi}{1-\sin\varphi}\sigma_3 \tag{2-6}$$

式 (2-6) 就是以极限主应力 σ_1 和 σ_3 来表示的库仑-莫尔强度准则，也称为极限平衡条件。当此式中 $\sigma_3 = 0$ 时，岩石的单轴抗压强度 $\sigma_c = \sigma_1 = 2c\sqrt{\frac{1+\sin\varphi}{1-\sin\varphi}}$。因此，岩石试件处于三轴应力状态时的抗压强度与单轴抗压强度和侧压力之间关系的表达式为

$$\sigma_1 = \sigma_c + \frac{1+\sin\varphi}{1-\sin\varphi}\sigma_3 \tag{2-7}$$

b. 双曲线形强度曲线

由这种强度曲线 (图 2-13) 推导出来的莫尔准则，适用于砂岩、石灰岩等较坚硬的岩石，其破坏判据表达式为

$$\left.\begin{array}{l}\tau^2 \geqslant (\sigma+\sigma_t)^2\left(\dfrac{1}{2}\sqrt{\dfrac{\sigma_c}{\sigma_t}-3}\right)^2 + (\sigma+\sigma_t)\sigma_t \\[3mm] \sigma_c/\sigma_t \geqslant 3\end{array}\right\} \tag{2-8}$$

c. 抛物线形强度曲线

由这种强度曲线 (图 2-14) 推导出来的莫尔准则，适用于泥岩、页岩等岩性较弱的岩石，其破坏判据表达式为

$$\tau^2 \geqslant (\sigma+\sigma_t)\sigma_t \tag{2-9}$$

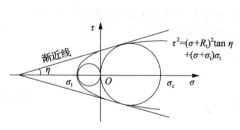

图 2-13 双曲线形强度曲线

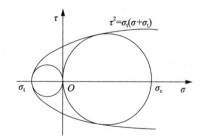

图 2-14 抛物线形强度曲线

总之，莫尔强度理论较全面地反映了岩石的强度特性。它适用于塑性岩石和脆性岩石的剪切破坏；能体现岩石的抗压强度远大于抗拉强度的特性；能解释岩石在三轴等压压缩条件下不破坏 (因强度曲线在受压区不闭合) 和三轴等拉条件下会破坏 (因强度曲线在受拉区闭合) 的现象。莫尔强度理论的最大不足是未考虑中

间主应力对强度的影响，而一些试验却证明中间主应力对岩石尤其是各向异性的岩体强度影响很大；根据莫尔强度理论，岩石破坏时的破坏角 $\alpha = 45° + \varphi/2$ 对大多数岩石在压缩时适用，但当岩石拉伸发生剪切破坏时，剪切面趋于被拉开，此时的内摩擦角已无意义，所以莫尔强度理论在拉应力区域的适用程度还有待探讨。

2. 格里菲斯强度理论

1921 年格里菲斯(Griffith)在做玻璃的强度试验时提出了关于脆性材料破裂的理论，并且认为诸如钢和玻璃之类的脆性材料，其断裂的起因是分布在材料中的微小裂隙尖端有拉应力集中(这种裂隙现在称为格里菲斯裂隙)。他认为，在材料内部分布着许多均匀、随机的窄缝形的微裂隙，在力的作用下，处于不利方位的裂隙端部就产生应力集中现象，使该处的应力达到所施加压力的几十倍甚至上百倍，于是裂隙就沿其长度方向开始扩张，直至材料整体破坏。

因此，为了便于计算，格里菲斯还做出了一些基本假设：

1)物体内随机分布许多裂隙；

2)所有裂隙都张开、贯通、独立；

3)裂隙断面呈扁平椭圆状态；

4)在任何应力状态下，裂隙尖端产生拉应力集中，导致裂隙沿某个有利方向进一步扩展；

5)最终在本质上都是拉应力引起岩石破坏。

格里菲斯先后从能量和应力的观点，提出了裂隙扩展的能量准则和应力准则。

(1)裂隙扩展的能量准则

在外力作用下，材料产生的裂隙引起了应力集中，由此所聚集的弹性势能达到或大于阻止裂隙扩展所必须做的功时，材料就会沿裂隙开始扩展。由于脆性材料的破坏一般是突然发生的，在断裂过程中没有产生塑性流动，据此所释放的弹性势能大部分是消耗在产生新裂隙上，而消耗在产生位移的动能则可以忽略。如图 2-15 所示，材料原有的裂隙长为 b，在弹性势能 U 作用下释放 Δu 的能量，产生 Δb 长的新裂隙，则其能量梯度(能量释放率)为

$$G = \frac{\mathrm{d}u}{\mathrm{d}b} = \frac{\Delta u}{\Delta b} \qquad (2\text{-}10)$$

新裂隙扩展 Δb 时，所产生的表面能增加率(裂隙扩展阻力)R 为

$$R = \frac{\mathrm{d}s}{\mathrm{d}b} = \frac{\Delta s}{\Delta b} = 2\gamma_R \qquad (2\text{-}11)$$

式中，Δs 为裂隙扩展 Δb 时增加的表面能，其值为 $2\gamma\Delta b$；γ_R 为表面能。

由此得出，当 $G \geqslant R$ 时，裂隙就会扩展，此式即裂隙扩展的能量准则。

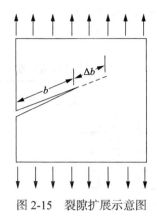

图 2-15 裂隙扩展示意图

(2) 裂隙扩展的应力准则

格里菲斯强度理论的应力准则与莫尔-库仑准则在破坏机理上的认识是不同的。后者认为破坏主要是压剪破坏，即使有拉伸破坏，也是发生在有拉应力作用的情况下；而前者则认为不论材料处于何种受力状态，本质上都是由拉应力引起的破坏。如图 2-16(a) 所示，如果垂直于裂隙的拉应力为岩石内的主应力，则裂隙端部就会产生一个其值可能是该主应力几倍的拉应力。如图 2-16(b) 所示，如果主应力为平行于裂隙的压应力，则裂隙边界上的 A 点也会扩张。如图 2-16(c) 所示，如果岩石试件中的微裂隙与压应力成一定角度且处于复杂应力状态，则裂隙端部就会出现应力集中而使原有裂隙扩展。

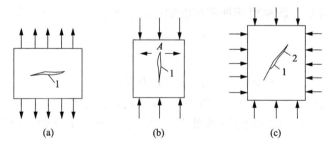

图 2-16 岩石试件中原有裂缝的扩展
1-隐裂缝；2-裂缝扩展部分

所有这些应力集中，都是靠近裂隙尖端处应力值达到该点材料的抗拉强度时，才会从这个裂隙端部开始扩展至破裂。因此，脆性破坏不是因剪切而破坏，而是因拉伸而破坏。

格里菲斯在研究这个问题时，假定岩石内部裂隙都看作长度相当、形状相似的扁平椭圆孔(椭圆裂缝)，并将它作为半无限弹性介质中单个孔洞的平面应力问题来处理，在忽略中间主应力的影响下，根据对椭圆孔的应力分析，得出如表 2-3 所示的裂隙扩展的应力准则，也称拉应力准则。

表 2-3 格里菲斯强度应力准则

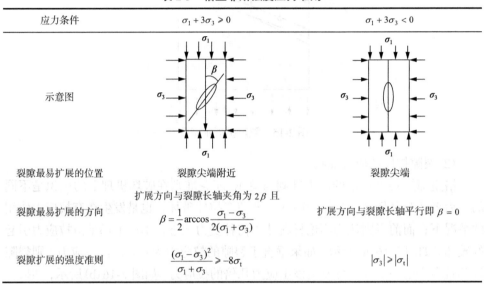

应力条件	$\sigma_1 + 3\sigma_3 \geqslant 0$	$\sigma_1 + 3\sigma_3 < 0$
示意图		
裂隙最易扩展的位置	裂隙尖端附近	裂隙尖端
裂隙最易扩展的方向	扩展方向与裂隙长轴夹角为 2β 且 $\beta = \dfrac{1}{2}\arccos\dfrac{\sigma_1 - \sigma_3}{2(\sigma_1 + \sigma_3)}$	扩展方向与裂隙长轴平行即 $\beta = 0$
裂隙扩展的强度准则	$\dfrac{(\sigma_1 - \sigma_3)^2}{\sigma_1 + \sigma_3} \geqslant -8\sigma_{\mathrm{t}}$	$\lvert\sigma_3\rvert \geqslant \lvert\sigma_{\mathrm{t}}\rvert$

根据此强度准则还可以推导出以下关系式:

1) 单轴压缩时($\sigma_3 = 0$)，则 $\sigma_{\mathrm{c}} = \sigma_1 = 8\sigma_{\mathrm{t}}$，即材料的单轴抗压强度是抗拉强度的 8 倍。

2) 经过换算后，将格里菲斯破坏准则按 σ、τ 应力系统表示为

$$\tau_{xy}^2 = 4R_{\mathrm{t}}(\sigma_{\mathrm{t}} - \sigma_y) \tag{2-12}$$

式中，τ_{xy}、σ_y 分别为椭圆裂缝周边的剪应力和正应力。

式(2-12)是格里菲斯破坏准则的另一种形式，它是 τ_{xy} - σ 平面内的一个形状由 σ_{t} 决定的抛物线。它反映了一个张开的椭圆裂缝周边上开始出现新的破裂时，剪应力 τ_{xy} 与正应力 σ 之间的关系。

据式(2-12)可作出格里菲斯的强度曲线(图 2-17)。从图 2-17 可以看出，格里菲斯强度曲线在莫尔强度曲线以内。因此，格里菲斯强度低于莫尔强度。这是因为莫尔强度理论是建立在均质连续假设上的，因此，它比考虑了裂隙的格里菲斯强度理论要高，即比实际强度要高。由此可得出结论，用格里菲斯强度曲线来判断岩体结构稳定性更接近实际情况，并能减少繁重的试验工作。

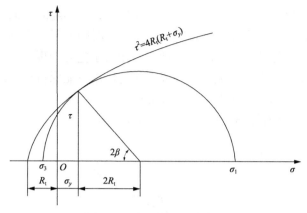

图 2-17　格里菲斯强度曲线

图 2-17 中表示一个与格里菲斯强度曲线相切的极限应力圆。由该图可以看出，格里菲斯强度曲线在原点右侧(即压应力一侧)区域，斜率从 τ 轴开始降低，这与岩石三轴试验的结果大致相符；另外，其形状与三轴试验所得到的莫尔强度曲线相似，但在负象限内该曲线明显弯曲，表明其抗拉强度比由斜直线型包络线(库仑-莫尔线)推断出来的要低得多，因而它更合乎实际情况。

格里菲斯强度准则得到脆性材料的岩石抗压强度为抗拉强度的 8 倍，反映了岩石的真实情况，还证明了岩石在任何应力状态下的破坏都是由拉伸引起的，指出微裂隙延展方向最终与最大主应力方向一致。但是，该准则仅适用于脆性岩石，对一般岩石莫尔强度准则适用性远大于格里菲斯强度准则；对裂隙被压闭合，抗剪强度增高解释不够；格里菲斯强度准则是岩石微裂隙扩展的条件，并非宏观破坏。因此，格里菲斯强度理论的出现具有极重要的意义，在此基础上发展起来的断裂力学已成为一门学科，并在不断发展。

2.2　煤岩蠕变的基本概念

煤岩蠕变主要探讨煤岩在一定的环境力场作用下与时间有关的变形、应力和破坏的规律性。其主要是了解煤岩的蠕变规律、松弛规律和长期强度，而导致煤岩发生蠕变的原因是在长期环境力场作用下煤岩体结构(骨架)会随时间不断调整。

煤岩材料和一般的岩石材料一样，其强度是时间的函数，即在长期静载作用下，其强度会逐渐降低，煤岩受载产生蠕变效应。煤岩本身组成和内部结构要比岩石材料复杂得多，因而材料的长期强度低于其单轴抗压强度，煤岩材料的蠕变特性不同于一般岩石材料。

煤岩蠕变的基本性质如下。

(1)黏性：流体流动过程中抵抗流动的性质，一般用黏性系数表示。

(2)蠕变：在恒定应力或恒定应力差的作用下，变形随时间而增长的现象。

(3)应力松弛：当应变保持恒定时，应力随着时间的延长而降低的现象。

(4)弹性后效：加载或卸载时，弹性变形滞后于应力的现象。

(5)长期强度：煤岩在长期应力场或位移场作用下能保持稳定的最大应力。

(6)流动：随时间延续而发生的塑性变形。

一般情况下，煤岩的蠕变规律可用图 2-18 表示。

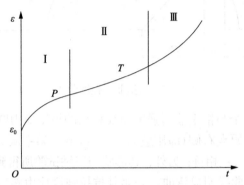

图 2-18　煤岩的蠕变规律

I-过渡蠕变(减速蠕变)；Ⅱ-等速蠕变；Ⅲ-加速蠕变；P-减速蠕变与等速蠕变的
临界点；T-等速蠕变与加速蠕变的临界点

稳定蠕变：随着时间的延长，煤岩的变形趋近一稳定的极限值而不再增长。包括过渡蠕变、等速蠕变两个阶段。

非稳定蠕变：随着时间的延长，煤岩的变形不断增长直至破坏。包括过渡蠕变、等速蠕变、加速蠕变三个阶段。

一般情况下，煤岩的松弛规律可用图 2-19 表示。

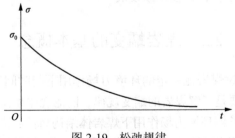

图 2-19　松弛规律

煤岩体损伤、断裂的时效特性：节理煤岩体的蠕变主要表现在沿节理面的剪切蠕变，尤其是节理面有软弱充填物，或受较高剪切应力作用时，节理剪切蠕变相对于时间和应力的非线性特性更为明显，蠕变变形较大，呈现强烈的流动特征，长期强度较低。并且节理煤岩体的破坏都具有显著的时效特征，煤岩体由局部破坏到总体失稳是损伤累积和断裂发展的过程，损伤累积是随时间增长逐渐产生的。

岩石蠕变的温度效应：当煤岩所受荷载恒定时，在蠕变时间相同的条件下，随着温度的升高蠕变变形增大。而对不同的煤岩，温度对蠕变的影响程度差别也很大。

煤岩的膨胀和蠕变：在应力作用下，岩石的蠕变与膨胀有一定的相似性，膨胀应变与时间的关系曲线与蠕变曲线比较相似。但蠕变是在应力保持恒定时，应变随时间增长，而膨胀是在应力随时间增长的情况下，膨胀应变逐渐增长的过程。

2.3　煤岩蠕变的基本模型

2.3.1　基本元件模型

弹性体：也称为胡克弹性模型(Hooke 体，简称 H 体)，并且符合胡克定律，其应力应变的表达式为

$$\sigma = E\varepsilon \quad 或 \quad \tau = G\gamma \tag{2-13}$$

式中，σ 为正应力；E 为弹性模量；ε 为线应变；τ 为剪应力；γ 为剪应变；G 为剪切弹性模量。

Hooke 体可以用一个弹簧元件表示，如图 2-20 所示。

牛顿体：也称为黏性牛顿模型(Newton 体，简称 N 体)，并且符合黏滞定律，其应力应变的表达式为

$$\sigma = \eta\dot{\varepsilon} \quad 或 \quad \tau = \eta'\dot{\gamma} \tag{2-14}$$

式中，η 和 η' 为黏性系数；$\dot{\varepsilon}$ 为线应变率；$\dot{\gamma}$ 为剪应变率，$\dot{\gamma} = \dfrac{\mathrm{d}r}{\mathrm{d}t}$。

N 体可以用一个黏壶元件表示，如图 2-21 所示。

圣维南体：也称为圣维南塑性模型(St. Venant 体，简称 V 体)，并且符合胡克定律，其应力应变的表达式为

$$\sigma = \sigma_s \tag{2-15}$$

式中，σ_s 为屈服极限。

V 体可以用一个滑块元件表示，如图 2-22 所示。

图 2-20　H 体 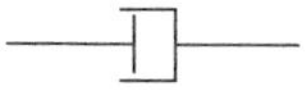　　　　　　　图 2-21　N 体 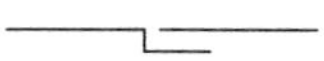　　　　　　　图 2-22　V 体

2.3.2　Maxwell 模型

该模型也称为 Maxwell 体(简称 M 体)，可由弹性体与牛顿体串联组合而成，

即由弹簧元件和黏壶元件串联而成，如图 2-23 所示。因此，系统各元件上应力相等，应变等于各元件上应变和。

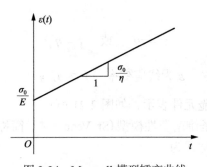

图 2-23　M 体

1. 本构方程

该模型的应力应变关系如下：

$$\sigma + \frac{\eta}{E}\dot{\sigma} = \eta\dot{\varepsilon} \tag{2-16}$$

式中，$\dot{\sigma} = k\dot{\varepsilon}$。

2. 蠕变规律

可令蠕变的应力条件 $\sigma = \sigma_0 H(t)$，代入式 (2-16)，两边进行 Laplace 变换得

$$\varepsilon(t) = \frac{\sigma_0}{E} + \frac{\sigma_0}{\eta}t \tag{2-17}$$

则可得到蠕变曲线如图 2-24 所示。

图 2-24　Maxwell 模型蠕变曲线

从图 2-24 可以看出，蠕变随着时间的增加呈线性增长，因而 M 体呈现流体特性，仅适用于描述材料蠕变的第二阶段。

3. 松弛规律

可令松弛的应变条件 $\varepsilon = \varepsilon_0 H(t)$，代入式 (2-16)，两边进行 Laplace 变换得

$$\sigma(t) = E\varepsilon_0 \mathrm{e}^{-\frac{E}{\eta}t} \tag{2-18}$$

则可得到松弛曲线如图 2-25 所示。

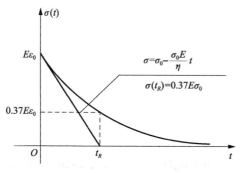

图 2-25　Maxwell 模型松弛曲线

由图 2-25 可以看出，当时间趋于无穷大时，应力松弛为零，即 M 体有松弛特性，$t_R = \dfrac{\eta}{E}$ 被称为 M 体的松弛时间。

4. 恢复特性

可令 $\sigma(t') = 0$ 或者 $\sigma(t) = \sigma_0 H(t) - \sigma_0 H(t - t')$，代入式 (2-16) 得

$$\varepsilon(t) = \frac{\sigma_0}{E} + \frac{\sigma_0}{\eta} t - \frac{\sigma_0}{E} - \frac{\sigma_0}{\eta} (t - t') = \frac{\sigma_0}{\eta} t' \tag{2-19}$$

则可得到恢复曲线如图 2-26 所示。

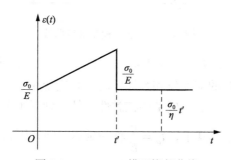

图 2-26　Maxwell 模型恢复曲线

因此，可以看出 H 体和 N 体串联形成的 M 体没有弹性后效，只有黏性流动规律。

2.3.3　Kelvin 模型

该模型也称为开尔文模型(简称 K 体)，可由弹性体与牛顿体并联组合而成，即由弹簧元件和黏壶元件并联，如图 2-27 所示。所以，系统各元件上应变相等，应力等于各元件上应力和。

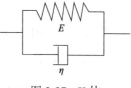

图 2-27　K 体

1. 本构方程

该模型的应力应变关系如下：

$$\sigma = E\varepsilon + \eta\dot{\varepsilon} \tag{2-20}$$

2. 蠕变规律

可令蠕变的应力条件 $\sigma = \sigma_0 H(t)$，代入式(2-20)，两边进行 Laplace 变换得

$$\varepsilon(t) = \frac{\sigma_0}{E}\left(1 - e^{-\frac{E}{\eta}t}\right) \tag{2-21}$$

则可得到蠕变曲线如图 2-28 所示。

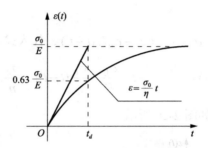

图 2-28 Kelvin 模型蠕变曲线

从图 2-28 可以看出，应变 ε 随时间 t 的增大而增大，但当时间趋于无穷大时，应变则趋于 σ_0/E，最终的应变值和弹性体的瞬时应变相等，即应变只达到了只有弹性元件存在的情况。由于该模型存在黏性元件，延迟了全部弹性应变的出现时间，故也称为延迟模型。其中，$t_d = \frac{\eta}{E}$ 称为延迟时间，则 $\varepsilon(t_d) = 0.63\frac{\sigma_0}{E}$。

3. 松弛规律

可令松弛的应变条件 $\varepsilon = \varepsilon_0 H(t)$，代入式(2-20)得

$$\sigma(t) = E\varepsilon_0 H(t) + \eta\varepsilon_0\dot{H}(t) = E\varepsilon_0 H(t) + \eta\varepsilon_0\delta(t) \tag{2-22}$$

由于 $t > 0$，$\sigma(t) = \sigma_0$，即应力与时间无关且一直保持不变，则无松弛现象出现。

4. 恢复特性

可令 $\sigma(t') = 0$ 或者 $\sigma(t) = \sigma_0 H(t) - \sigma_0 H(t-t')$，代入式(2-20)得

$$\varepsilon(t) = \frac{\sigma_0}{E}\left(1 - e^{-\frac{E}{\eta}t}\right) - \frac{\sigma_0}{E}\left(1 - e^{-\frac{E}{\eta}(t-t')}\right) = \frac{\sigma_0}{E}\left(e^{\frac{E}{\eta}t'} - 1\right)e^{-\frac{E}{\eta}t} \tag{2-23}$$

则可得到恢复曲线如图 2-29 所示。

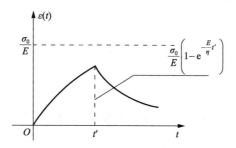

图 2-29 Kelvin 模型恢复曲线

从图 2-29 可以看出，H 体与 N 体并联组成的 K 体无瞬时弹性应变，也无黏性流动。因此，Kelvin 模型所描述的蠕变现象只是局限在蠕变的第一阶段，并不涉及蠕变破坏。

2.3.4 Kelvin-Voigt 模型

该模型是三参量固体，也被称为广义开尔文体，是由弹性体与开尔文体串联组合而成的，如图 2-30 所示。

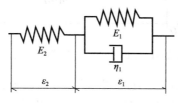

图 2-30 Kelvin-Voigt 模型

1. 本构方程

该模型的应力应变关系如下：

$$\begin{cases} \varepsilon = \varepsilon_1 + \varepsilon_2 \\ \sigma = E_2\varepsilon_2 = E_1\varepsilon_1 + \eta_1\dot{\varepsilon}_1 \end{cases} \tag{2-24}$$

式中，σ、ε 为该模型的整体应力应变。因此，由上式可得系统的本构模型为

$$\sigma + \frac{\eta_1}{E_1 + E_2}\dot{\sigma} = \frac{E_1 E_2}{E_1 + E_2}\varepsilon + \frac{E_2 \eta_1}{E_1 + E_2}\dot{\varepsilon} \tag{2-25}$$

可以令 $p_1 = \dfrac{E_2 \eta_1}{E_1 + E_2}$ ， $q_0 = \dfrac{E_1 E_2}{E_1 + E_2}$ ， $q_1 = \dfrac{E_2 \eta_1}{E_1 + E_2}$

即

$$\sigma + p_1 \dot{\sigma} = q_0 \varepsilon + q_1 \dot{\varepsilon} \tag{2-26}$$

2. 蠕变规律

可令蠕变的应力条件 $\sigma = \sigma_0 H(t)$ ，代入式(2-26)，两边进行 Laplace 变换得

$$\varepsilon(t) = \frac{\sigma_0}{q_0}\left(1 - \mathrm{e}^{-\frac{q_0}{q_1}t}\right) + \frac{p_1 \sigma_0}{q_1}\mathrm{e}^{-\frac{q_0}{q_1}t} = \frac{\sigma_0}{E_2} + \frac{\sigma_0}{E_1}\left(1 - \mathrm{e}^{-\frac{E_1}{\eta_1}t}\right) \tag{2-27}$$

则可得到蠕变曲线如图 2-31 所示。

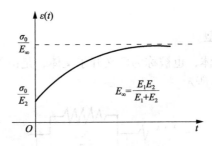

图 2-31　Kelvin-Voigt 模型蠕变曲线

从图 2-31 可以看出，应变 ε 随时间 t 的增大而增大，但当时间趋于无穷大时，应变则趋于 σ_0/E_∞。因此，Kelvin-Voigt 模型适合描述蠕变按照指数增加而最终趋于稳定的蠕变过程。

3. 松弛规律

可令松弛的应变条件 $\varepsilon = \varepsilon_0 H(t)$ ，代入式(2-26)，两边进行 Laplace 变换得

$$\sigma(t) = E_\infty \varepsilon_0 \left(1 - \mathrm{e}^{-\frac{E_1 + E_2}{\eta_1}t}\right) + E_2 \varepsilon_0 \mathrm{e}^{-\frac{E_1 + E_2}{\eta_1}t} \tag{2-28}$$

则可得到松弛曲线如图 2-32 所示。

从图 2-32 可以看出，随着时间增加应力呈负指数降低，且当时间趋于无穷大时，其应力降低到了 $E_\infty \varepsilon_0$。

4. 恢复特性

可令 $\sigma(t') = 0$ 或者 $\sigma(t) = \sigma_0 H(t) - \sigma_0 H(t - t')$，代入式 (2-26) 得

$$\varepsilon(t) = \frac{\sigma_0}{E_1}\left(\mathrm{e}^{\frac{E_1}{\eta_1}t'} - 1\right)\mathrm{e}^{-\frac{E_1}{\eta_1}t} \tag{2-29}$$

则可得到恢复曲线如图 2-33 所示。

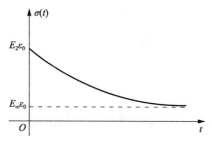

图 2-32　Kelvin-Voigt 模型松弛曲线　　图 2-33　Kelvin-Voigt 模型恢复曲线

从图 2-33 可以看出，Kelvin-Voigt 模型是一个线黏弹性模型。

2.3.5　Burgers 模型

该模型是四参量流体，也被称为 Burgers 体模型，其是由 Maxwell 体模型 Kelvin 体串联组合而成的，如图 2-34 所示。

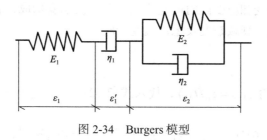

图 2-34　Burgers 模型

1. 本构方程

该模型的应力应变关系如下：

$$\begin{cases} \varepsilon = \varepsilon_1 + \varepsilon_1' + \varepsilon_2 \\ \sigma = \sigma_1 = \sigma_2 \\ \sigma_1 = E_1\varepsilon_1 = \eta_1\dot{\varepsilon}_1' \\ \sigma_2 = E_2\varepsilon_2 + \eta_2\dot{\varepsilon}_2 \end{cases} \tag{2-30}$$

式中，σ、ε 为该模型的整体应力应变。因此，可得系统的本构方程为

$$\sigma + \left(\frac{\eta_1}{E_1} + \frac{\eta_2}{E_2} + \frac{\eta_3}{E_3}\right)\dot{\sigma} + \frac{\eta_1\eta_2}{E_1E_2}\ddot{\sigma} = \eta_1\dot{\varepsilon} + \frac{\eta_1\eta_2}{E_2}\ddot{\varepsilon} \tag{2-31}$$

令 $p_1 = \dfrac{\eta_1}{E_1} + \dfrac{\eta_2}{E_2} + \dfrac{\eta_1}{E_2}$，$p_2 = \dfrac{\eta_1\eta_2}{E_1E_2}$，$q_1 = \eta_1$，$q_2 = \dfrac{\eta_1\eta_2}{E_2}$，即

$$\sigma + p_1\dot{\sigma} + p_2\ddot{\sigma} = q_1\dot{\varepsilon} + q_2\ddot{\varepsilon} \tag{2-32}$$

2. 蠕变规律

可令蠕变的应力条件 $\sigma = \sigma_0 H(t)$，代入式(2-32)，两边进行 Laplace 变换得

$$\varepsilon(t) = \frac{\sigma_0}{E_1} + \frac{\sigma_0}{\eta_1}t + \frac{\sigma_0}{E_2}\left(1 - \mathrm{e}^{-\frac{E_2}{\eta_2}t}\right) \tag{2-33}$$

则可得到蠕变曲线如图 2-35 所示。

从图 2-35 可以看出，应变 ε 随时间 t 的增大而增大，但当时间趋于无穷大时，应变则趋于无穷大。Burgers 模型在恒定应力作用下具有双蠕变特性，由应变随时间线性增长的主蠕变和应变随时间呈指数变化的次蠕变构成，它描述的材料介质具有瞬时弹性应变、衰减蠕变及稳定蠕变阶段。

3. 松弛规律

令松弛的应变条件 $\varepsilon = \varepsilon_0 H(t)$，代入式(2-32)，两边进行 Laplace 变换得

$$\sigma(t) = \frac{p_2\varepsilon_0}{A}[(q_1 - q_2 r_1)\mathrm{e}^{-r_1 t} - (q_1 - q_2 r_2)\mathrm{e}^{-r_2 t}] \tag{2-34}$$

式中，$r_1 = \dfrac{p_1 - A}{2p_2}$；$r_2 = \dfrac{p_1 + A}{2p_2}$；$A = \sqrt{p_1^2 - 4p_2}$。

则可得到松弛曲线如图 2-36 所示。

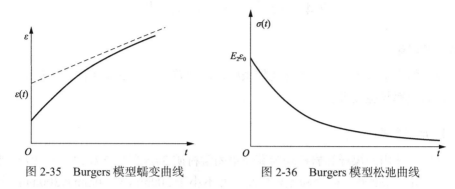

图 2-35　Burgers 模型蠕变曲线　　　　　　图 2-36　Burgers 模型松弛曲线

从图 2-36 可以看出，Burgers 模型是一个指数式的衰减模型。

4. 恢复特性

令 $\sigma(t')=0$ 或者 $\sigma(t)=\sigma_0 H(t)-\sigma_0 H(t-t')$ ，代入式（2-32）得

$$\varepsilon(t)=\frac{\sigma_0}{\eta_1}t'+\frac{\sigma_0}{E_2}\left(\mathrm{e}^{\frac{E_2}{\eta_2}t'}-1\right)\mathrm{e}^{-\frac{E_2}{\eta_2}t} \tag{2-35}$$

则可得到恢复曲线如图 2-37 所示。

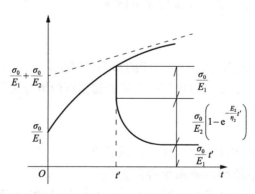

图 2-37　Burgers 模型恢复曲线

从图 2-37 可以看出，卸载时有一瞬时回弹，随着时间增长，变形继续恢复，直到弹簧 1 的变形全部恢复为止；若 t' 足够大，那这一段恢复的变形就是弹性后效，最后仍保留一残余变形。因此，Burgers 模型具有瞬时弹性变形、减速蠕变、等速蠕变的性质，该模型对软岩比较实用。

2.4　煤岩单轴压缩试验

2.4.1　试验条件

煤岩的力学行为对试验条件比较敏感，因此首先介绍试验条件，包括试样制备、加载速率与温度等。

1. 试样制备

试验所选用的煤样和岩样均为潞安集团常村矿 3#煤层煤样和顶板的砂岩、泥岩岩样。井下采集煤、砂岩和泥岩样品尺寸不小于 300mm×300mm×300mm，运至井口蜡封塑包，锯末隔离装箱。试件的加工在西安科技大学力学实验室进行，选取完整性较好的岩块，采用钻机钻取直径 50mm 的圆柱形岩样，然后采用切割机与打磨机制成高度 100mm 的标准试件，将其用于单轴压缩试验、三轴压缩试验和声发射试验等。

2. 加载速率

已有研究表明，当煤岩在压缩过程中的加载速率越大时，其峰值强度越大。在详细研究加载速率对煤岩强度影响的基础上，本书中试验的轴向荷载加载速率选定为 0.005mm/s，连续加载至试件完全破坏。

3. 温度

本书中不考虑温度对煤岩力学性能的影响，因此采用空调系统使得室内实验室的温度保持在 (20±2)℃，以保证所有试验都在近似恒温条件下进行。

2.4.2　试验系统

试验采用 CRIMS-DDL600 电子万能试验机，如图 2-38 所示。该试验机主要由加载系统、测量系统和控制系统等部分组成，最大轴向荷载为 4600kN，最大围压为 25MPa，应变率适应范围为 $10^{-7} \sim 10^{-2} \mathrm{s}^{-1}$。试验过程中所有测试参数均由高精度传感器采集并由计算机记录。能够完成地下岩土工程中岩石等材料的单轴压缩、三轴压缩试验，具有测试精度高、功能全、性能稳定可靠的特点。

2.4.3　单轴压缩试验结果

采用圆柱形标准试件测定煤岩样的单轴抗压强度，煤岩样的公称尺寸为直径 50mm，高度 100mm。试验前，用游标卡尺测量煤岩样的实际直径 D 和高度 H，

图 2-38　CRIMS-DDL600 电子万能试验机系统

并做记录。在 CRIMS-DDL600 电子万能试验机系统上进行单轴压缩试验过程中，由计算机通过控制活塞位移进而控制煤岩样轴向变形 u，并同时记录荷载 P。利用公式 $\varepsilon = u/H$ 和 $\sigma = 4P/\pi D^2$ 计算煤岩样中轴向应变和轴向应力。这样，可以画出 ε-σ 曲线。单轴压缩试验分为 3 组，煤岩样每组 5 块。砂岩岩样、泥岩岩样及煤岩样的 ε-σ 曲线如图 2-39～图 2-41 所示，单轴压缩试验结果如表 2-4～表 2-6 所示。

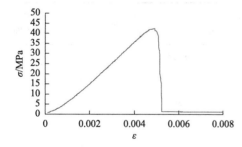

图 2-39　S-1 砂岩岩样单轴压缩 ε-σ 曲线

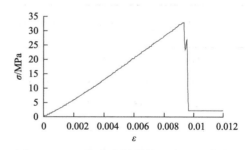

图 2-40　N-2 泥岩岩样单轴压缩 ε-σ 曲线

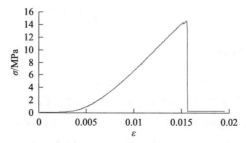

图 2-41　M-1 煤岩样单轴压缩 ε-σ 曲线

表 2-4　砂岩岩样单轴抗压强度试验结果

序号	岩样编号	直径/mm	高度/mm	抗压强度/MPa	抗压强度均值/MPa	泊松比	泊松比均值	杨氏模量/GPa	杨氏模量均值/GPa
1	S-1	50.2	98.7	43.11		0.253		10.91	
2	S-2	50.1	97.9	45.84		0.195		9.84	
3	S-3	49.7	98.3	46.30	41.33	0.217	0.243	15.78	11.47
4	S-4	48.6	98.5	31.65		0.301		13.12	
5	S-5	51.3	97.6	39.73		0.248		7.69	

表 2-5　泥岩岩样单轴抗压强度试验结果

序号	岩样编号	直径/mm	高度/mm	抗压强度/MPa	抗压强度均值/MPa	泊松比	泊松比均值	杨氏模量/GPa	杨氏模量均值/GPa
1	N-1	50.2	98.7	27.17		0.314		4.76	
2	N-2	48.9	97.5	32.68		0.282		3.65	
3	N-3	49.8	98.3	31.35	31.79	0.213	0.258	4.19	4.23
4	N-4	49.4	99.1	38.59		0.207		5.87	
5	N-5	50.3	97.9	29.16		0.275		2.68	

表 2-6　煤岩样单轴抗压强度试验结果

序号	煤岩样编号	直径/mm	高度/mm	抗压强度/MPa	抗压强度均值/MPa	泊松比	泊松比均值	杨氏模量/GPa	杨氏模量均值/GPa
1	M-1	50.2	98.7	14.71		0.328		1.63	
2	M-2	49.6	99.3	16.28		0.289		1.49	
3	M-3	50.5	96.7	13.94	14.8	0.364	0.319	1.71	1.61
4	M-4	51.1	96.5	17.36		0.278		2.24	
5	M-5	49.8	99.6	11.70		0.336		0.98	

2.5　煤岩三轴压缩试验

2.5.1　三轴压缩试验概述

在煤矿井下采掘过程中，煤岩体总是处于一定的地应力作用之下，受单向荷载作用的情况较少，大多处于三向应力状态。因此，研究三向应力状态下煤岩样的变形特性，对于探明煤的破坏成因及机理，以及研究煤岩的强度分布特征都具有重要意义。按应力的组合方式，煤岩体的三轴应力试验一般分为三轴等应力试验和三轴不等应力试验两种。煤岩体三轴抗压强度在三轴压力试验机上测定，试验时先对试样施加侧向压力，达到预定值后保持不变，然后施加轴向荷载直到试样破坏。

三轴压缩试样和单轴应力试验时的试样一样，取自潞安集团常村矿。煤岩样三轴压缩试验分为 3 组，围压设置为 3 级，分别为 3MPa、5MPa 和 8MPa，每级围压下 3 件煤岩样。采用圆柱形标准试样测定煤岩样的三轴抗压强度，煤岩样的直径为 50mm，高度为 100mm。试验前，用游标卡尺测量岩样的实际直径 D 和高度 H，并做记录。在 CRIMS-DDL600 电子万能试验机系统上进行三轴压缩试验过程中，由计算机控制系统控制岩样轴向变形 u 和围压 σ_3，并同时记录轴向荷载 P。利用公式 $\varepsilon_1 = u / H$ 和 $\sigma_1 = 4P / \pi D^2 + \sigma_3$ 计算岩样轴向应变 ε_1 和轴向应力 σ_1。

2.5.2　三轴压缩试验结果及分析

根据得到的轴向应变 ε_1 和轴向应力 σ_1，可以画出 τ 与 σ 的关系曲线。砂岩、泥岩及煤岩样的三轴压缩试验应力莫尔圆如图 2-42～图 2-44 所示，试验结果见表 2-7～表 2-9。

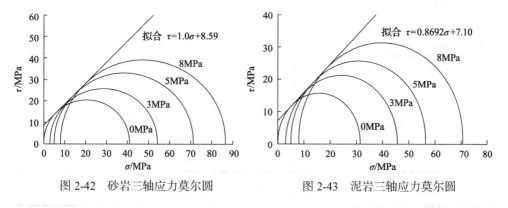

图 2-42　砂岩三轴应力莫尔圆　　　　　　　图 2-43　泥岩三轴应力莫尔圆

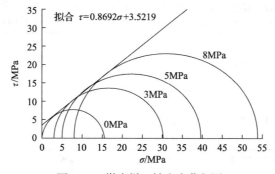

图 2-44　煤岩样三轴应力莫尔圆

表 2-7　　砂岩岩样三轴抗压强度试验结果

序号	岩样编号	直径/mm	高度/mm	围压/MPa	抗压强度/MPa	抗压强度均值/MPa	杨氏模量/GPa	杨氏模量均值/GPa	内聚力c/MPa	内摩擦角φ/(°)
1	S-01	48.7	97.8		44.7		11.58			
2	S-02	49.0	98.6	3	51.5	50.2	9.94	11.56		
3	S-03	48.9	99.0		54.3		13.16			
4	S-04	49.7	98.7		54.4		11.70			
5	S-05	48.6	96.9	5	68.5	61.7	13.94	11.99	8.25	44.34
6	S-06	48.8	97.4		62.1		10.32			
7	S-07	48.6	97.9		85.3		14.89			
8	S-08	49.7	99.1	8	79.8	77.9	12.09	12.91		
9	S-09	49.3	98.2		68.6		11.76			

表 2-8　　泥岩岩样三轴抗压强度试验结果

序号	岩样编号	直径/mm	高度/mm	围压/MPa	抗压强度/MPa	抗压强度均值/MPa	杨氏模量/GPa	杨氏模量均值/GPa	内聚力c/MPa	内摩擦角φ/(°)
1	N-01	48.7	98.8		40.3		4.36			
2	N-02	48.9	99.1	3	49.7	45.5	5.01	4.75		
3	N-03	49.1	100.4		46.6		4.87			
4	N-04	48.6	99.5		56.4		5.65			
5	N-05	48.2	98.1	5	45.1	50.2	4.86	5.23	7.23	41.5
6	N-06	49.3	97.9		49.1		5.17			
7	N-07	48.4	99.4		69.8		6.94			
8	N-08	48.3	98.3	8	58.1	64.1	5.37	6.09		
9	N-09	49.2	101.1		64.3		5.96			

表 2-9　　煤岩样三轴抗压强度试验结果

序号	煤岩样编号	直径/mm	高度/mm	围压/MPa	抗压强度/MPa	抗压强度均值/MPa	杨氏模量/GPa	杨氏模量均值/GPa	内聚力c/MPa	内摩擦角φ/(°)
1	M-01	48.7	98.8		24.1		2.23			
2	M-02	48.6	98.1	3	19.9	22.3	2.59	2.25		
3	M-03	49.1	98.3		22.9		1.92			
4	M-04	48.6	97.2		36.4		2.97			
5	M-05	49.4	97.8	5	24.5	31.2	2.14	2.64	3.19	39.68
6	M-06	49.2	98.1		32.7		2.80			
7	M-07	48.8	101.2		38.9		3.98			
8	M-08	48.3	98.7	8	48.2	42.6	4.01	3.73		
9	M-09	49.2	98.5		40.7		3.21			

从图 2-45 可以发现，煤岩的峰值强度值随围压的增大而增大，达到峰值强度时的变形也随围压的增大而增大。

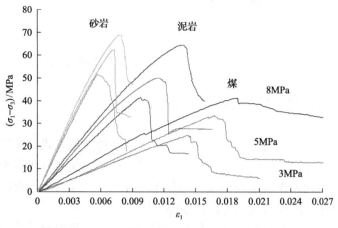

图 2-45　煤岩样三轴压缩全应力-应变曲线

煤岩样的强度和内聚力都较低，这是由于煤岩样内部的微裂隙等缺陷更为明显；煤岩样峰值应力随着围压的增大而增大，围压的增大有助于煤岩样内部微裂隙及孔隙的闭合，其滑移受到摩擦力的抑制而减小，使得煤岩样的杨氏模量得以提高；在围压较小时煤岩样的抗压强度和杨氏模量存在一定的线性关系；随着围压的增大，峰值应变随之增大，煤岩样的变形表现为低围压下的脆性破坏向高围压下的塑性破坏转化的特征，说明煤岩样的变形破坏与所处的应力状态密切相关。

2.6　煤岩破坏过程中声发射特性试验

煤岩样破坏过程中微裂隙的萌生、扩展和煤岩样的断裂都会产生声发射现象。声发射现象的研究在揭示煤岩的破坏机理、预测预报煤岩灾害动力过程等方面有着非常广阔的前景。因此，为揭示煤岩样在单轴压缩破坏过程中内部裂隙的扩展演化行为，对煤岩样进行单轴压缩下的声发射特性试验。

2.6.1　试验设备及试验原理

试验采用 YYL200 型电子持久蠕变试验机和 SAEU2S 声发射检测系统。利用 YYL200 型电子持久蠕变试验机对煤岩样进行加载，跟踪记录加载速率、荷载、应力、位移、应变值的大小，获取荷载-位移、应力-应变曲线等。采用 SAEU2S 声发射检测系统记录煤岩体破坏时产生的弹性波和相关参数。

声发射系统门槛值设定为 50dB，采样频率为 2500Hz，采样点数为 2048 点，参数间隔为 2000μs，峰值间隔为 1000μs。声发射探头置于煤岩样外壁。试验时选用 0.06mm/min、0.12mm/min 和 0.3mm/min 三种位移加载速率。

2.6.2　煤岩蠕变过程中声发射特性

1. 试样选取及经验模态分解分析原理

所需试样取自山西潞安集团余吾煤业有限责任公司 S2206 进风顺槽距切眼 280～326m 处的煤岩样，根据国际岩石力学学会(International Society for Rock Mechanics，ISRM)试验规程对煤岩样进行加工，制成直径 50mm、高度 100mm 的圆柱体。

蠕变试验主要分为逐级增量加载和分级加载两种加载方式。按照常规压缩试验所获得的单轴抗压强度的 75%～85%，将最大荷载等荷载分成若干级，然后在同一试样上由小到大逐级施加荷载，加载相同时间，当煤岩样出现减速蠕变或等速蠕变时认为这一阶段的时间可以描述煤岩样的蠕变行为。

Huang 等认为每个信号都由一些基本的分量构成，每个分量是随机的，每一个信号有相同的过零点和极值点数目。任何信号分量之间互不影响，各成体系。经验模态分解(empirical mode decomposition，EMD)作为处理非线性、非平稳的时频分析方法，本质上是将非线性信号进行希尔伯特(Hilbert)变换，根据数据的特征时间尺度来分解，将信号分解成若干个分量，从而得到最具原信号特征的信号分量，然后对新的信号分量进行分析。

每个本征模函数(intrinsic mode function，IMF)必须满足两个条件：

1)在整个数据序列中，极值点的数量 N(包括极大值和极小值)与零点个数 M 之差不超过 1。即

$$| N - M | \leqslant 1 \tag{2-36}$$

2)在任一时间点 T 上，曲线上包络线和下包络线的均值为零。即

$$[F_{\min}(t) + F_{\max}(t)] / 2 = 0 \tag{2-37}$$

式中，$F_{\min}(t)$ 为任意时刻时的下包络线局部最小值；$F_{\max}(t)$ 为任意时刻时的上包络线局部最大值。

EMD 的基本步骤如下：

1)先将声发射数据绘制成幅度与时间的图像 $x(t)$，确定信号的极值点个数 N 和零点个数 M，检测 N–M 是否满足本征模函数的条件 1，再用圆滑曲线将所有极大值点和极小值点连接起来，得到信号的上下包络线，取上下包络线的均值作为 $m(t)$，然后用 $x(t)$ 减去 $m(t)$，得到新的序列 $h(t)$，检测 $h(t)$ 是否符合本征模函数必须满足的两个条件，如果不满足，重复上述操作，直到找到数据序列 $c_1(t)$。我们定义 $c_1(t)$ 为第一个本征模函数 IMF_1。

2)用原始信号 $x(t)$ 减去 $A_1(t)$ 的序列,得到新的序列 $B(t)$ 。

3)以 $B(t)$ 作为新的"原始"信号,重复上述操作,直到找到第 2、第 3 到第 n 个符合本征模函数的数据序列,分别记为 $c_2(t)$,$c_3(t)$,$\cdots$,$c_n(t)$,我们定义这些数据序列为第 2、第 3 到第 n 个的本征模函数 IMF_2 ,IMF_3 ,$\cdots$,IMF_n 。图 2-46 为信号的上下包络线及均值。

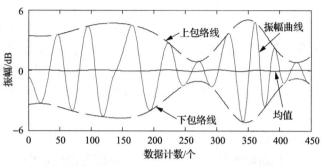

图 2-46　信号的上下包络线及均值

2. 煤岩样的破坏形态及其分析

煤岩样的破坏形态及其断裂面如图 2-47 所示。从图中可以看出,煤岩样的断裂面介于劈裂破坏和剪切破坏之间。随着蠕变时间的增加,断裂面出现倾斜,并在压缩过程中出现许多粉煤,说明煤岩样在蠕变时发生了剧烈的剪切摩擦。因此,单轴压缩条件下的蠕变破坏以劈裂破坏为主,煤岩样的断裂面较粗糙,断裂面具有脆性断裂的特点。

图 2-47　煤岩样破坏形态及其断裂面

煤岩样在破坏过程中,裂隙经历了原生裂隙的压缩闭合阶段、裂隙的稳定扩展阶段和非稳定扩展阶段。

原生裂隙的压缩闭合阶段:煤岩样中的裂隙在初始荷载作用下,原生裂隙被压缩,煤岩样体积变小,这也解释了在压缩初期应力逐渐下降的现象。

裂隙的稳定扩展阶段:随着荷载的增大,新生裂隙开始产生,原有裂隙由裂隙端部沿加载方向起裂、扩张并呈增大趋势，煤岩样出现扩容现象，轴向和侧向蠕变量随时间的增加而增加，其蠕变特性明显。

非稳定扩展阶段：当荷载临近峰值点时，新生裂隙与原有裂隙迅速扩展、贯通，煤岩样出现宏观破坏。

3. 基于 EMD 的蠕变声发射能量分析

通过监测声发射(acoustic emission，AE)振幅、分析能量与试验时间之间的关系，可以很好地判断煤岩体的断裂。通过分析拟合曲线中的突变点确定煤岩体断裂的时间及其规律，可清楚地反映出煤岩体断裂的过程。声发射信号能量取决于振幅的平方，两者之间呈正比例关系，可以通过监测煤岩体蠕变过程中的振幅来确定声发射的能量值。

从图 2-48 可以看到：

减速蠕变阶段：该阶段的试验曲线斜率大，蠕应变幅度较小，AE 活动蠕变初始阶段很小；随着时间的延长，AE 信号呈降低趋势，煤岩体中原有裂隙被压合，试样受荷载作用，体积变小；过程中振铃计数较少，AE 信号中能量逐渐增长的趋势表征了煤岩体微裂隙被压密、闭合的现象。

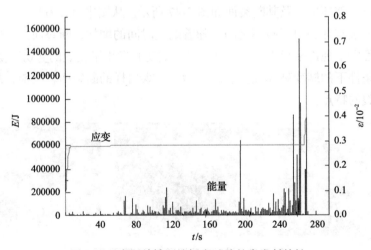

图 2-48　岩石单轴压缩蠕变试验的声发射特性

等速蠕变阶段：随着荷载的增大，新生裂隙开始产生，原有裂隙由裂隙端部沿加载方向起裂、扩张并呈增大趋势，煤岩样出现扩容现象；内部微裂隙逐渐产生，AE 活动逐渐增多，AE 信号增多；煤岩体蠕应变速率平均为 0m/s，表明煤岩体弹性能量在煤岩体内部继续积累。

加速蠕变阶段：新生裂隙与原有裂隙扩展、贯通，导致煤岩样破坏。蠕变时间短，应变率瞬间增大，随着荷载的增加，AE 活动急剧增加，振铃计数达到最大值，在煤岩释放迅速积聚的弹性能，达到鼎盛时期，煤岩裂缝损伤瞬间发生，AE信号迅速下降。

根据 EMD 分解原理对煤岩体蠕变失稳过程中 AE 信号进行分解，得到如图 2-49 所示的 AE 本征模函数。EMD 是根据信号频率分解的原始信号，每一个本征模函数中含有一定时间范围的特征尺度。也就是说，EMD 是将原始信号经希尔伯特变换后，将数据分解成一系列含有不同频率的数据分量。根据工程上去噪的原理，噪声一般集中在高频区域。首先通过 EMD 分解原始信号，确定分解层数为 8，然后对高频系数进行阈值量化分解，从而实现对信号的简单去噪。由于 EMD 是将原始信号分解成一系列从高频到低频的数据分量，因此随着本征模函数的增加，其对应的频率越低，余项（residuce）频率最低。根据分解原则，余项可以用来描绘原始信号的趋势。从图中可以看出，本征模函数 IMF_5、IMF_6、IMF_7、

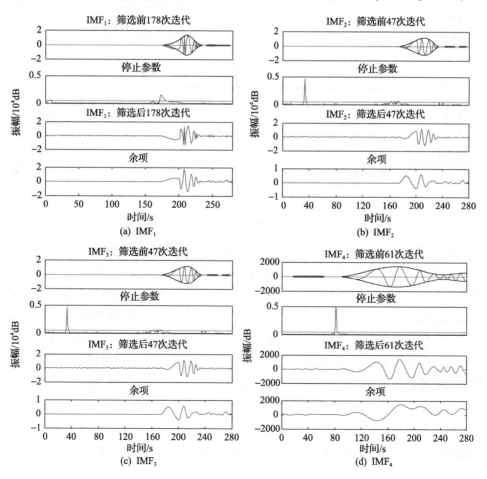

(a) IMF_1

(b) IMF_2

(c) IMF_3

(d) IMF_4

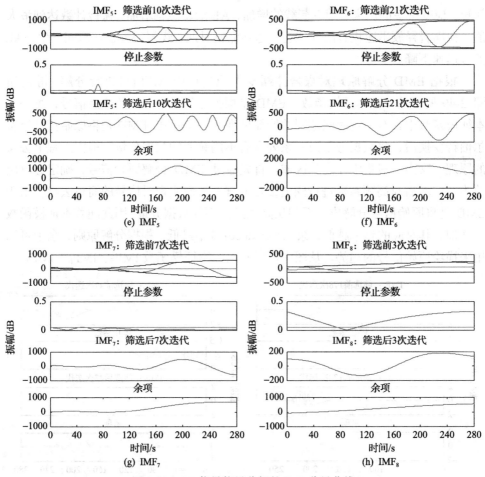

图 2-49　AE 信号能量分解的 IMF 分量曲线

IMF$_8$ 已经不能显示出煤岩体破碎过程中原 AE 信号的特征，从本征模函数 IMF$_5$～IMF$_8$ 已经看不出任何差别，故没有引用。煤岩体蠕变失稳过程中的声发射信号较平稳，说明煤岩体在初始压缩阶段，原生裂隙被压缩，煤岩样体积变小，煤岩体内无新裂隙产生，煤岩体受到的荷载较小，还未达到煤岩体的单轴抗压强度，AE 信号不明显，撞击少，能量较小。随着荷载逐渐增大，新生裂隙开始产生，原有裂隙由裂隙端部沿加载方向起裂、扩张并呈增大趋势，煤岩样出现扩容现象，随着时间的延长，轴向和侧向蠕变量呈增加趋势，此时 AE 信号显著增强，并出现多处突变点，当荷载临近峰值点时，新生裂隙与原有裂隙迅速扩展、贯通，煤岩样出现宏观破坏，此时 AE 最为显著，随后 AE 信号随时间的增加而降低。从 IMF$_1$～IMF$_4$ 可以看出，IMF$_1$ 信号较平稳，没有明显的突变点，与声发射试验现场存在的各种信号有关，属于无关信号；在 IMF_2 中，AE 信号在 40s 时出现一个突变点，说明煤岩体蠕变失稳过程初期会出现一次声发射密集点，符合煤岩体从减速蠕变阶段进入等速蠕变阶段的时刻。随着荷载的增大，新生裂隙开始产生，原有裂隙由裂隙端部沿加载方向起裂、扩张并呈增大趋势，煤岩体体积增大，内部能量第一次集中释放。在 IMF_3 中，AE 信号产生了第二个突变点，煤岩体内部能量集中释放，与煤岩体从等速蠕变进入加速蠕变的时刻相吻合，微观裂隙开始断裂。在 IMF_4 中，AE 信号出现第三个突变点，说明煤岩体内部储存的弹性应变能量得到进一步释放，煤岩体内部新生裂隙与原有裂隙迅速扩展、贯通，煤岩样出现宏观破坏。

4. 基于 EMD 的蠕变 AE 振铃计数分析

通过对煤岩体破坏过程中 AE 振铃计数的统计，针对超过信号门槛的次数进行记录与分析。对于一个 AE 事件，其 AE 振铃计数 N 为

$$N = \frac{f_0}{\beta} \ln \frac{v_p}{v_t} \tag{2-38}$$

式中，f_0 为换能器的响应中心频率；β 为波的衰减系数；v_p 为峰值电压；v_t 为阈值电压。

图 2-50 表示 AE 振铃计数、应变与时间的关系图，从图中可以看出，随着时间的延长，AE 振铃计数会在 $t=80s$ 时呈上升趋势，并保持一定时间段，在 $t=248s$ 时 AE 振铃计数达到最大值，这是因为煤岩体内部释放出大量积聚的弹性能量，随后在煤岩体破碎后，AE 振铃计数迅速减小。在煤岩体破裂过程中，当荷载达到峰值后，AE 达到峰值。当新的微裂隙出现后，其内部储存的弹性能量随着荷载的增加而增加，峰后破坏阶段 AE 信号很弱，处于相对降低状态，煤岩体内部活动不明显。图 2-51 表示 AE 信号频率与时间的关系图，从图中可以看出，在蠕变试验过程中，AE 信号频率变化显著，当试验进行到 40s 和 80s 时，AE 信号频率出现峰值，这主要是由于在此过程中，煤岩体内部微观结构发生细微变化和煤岩体释放出的信号波动频率较大；当试验进行到 200s 时，频率达到 400Hz，煤岩体内部频率出现峰值，这主要与煤岩体内部微观裂隙开始发展贯通，蠕变进入加速蠕变有关；当试验进行到 280s 时，煤岩体出现峰值，煤岩体出现断裂。

从图 2-52 可以看出，本征模函数 IMF_5、IMF_6、IMF_7 已经不能显示出煤岩体破碎过程中原 AE 信号的特征，从本征模函数 $IMF_5 \sim IMF_7$ 已经看不出任何差别，

故没有引用。

(1)初始蠕变阶段

加载初期 AE 信号以高频低能量宽脉冲为主。在加载初期，由于煤岩体还没有产生裂隙，所以信号以突发型信号为主，振铃计数较少，AE 信号频率较低。但随着荷载逐渐增加，信号幅度较弱，中心频率较低，煤岩体体积变小。在 0~40s，振铃计数只有 80 左右。

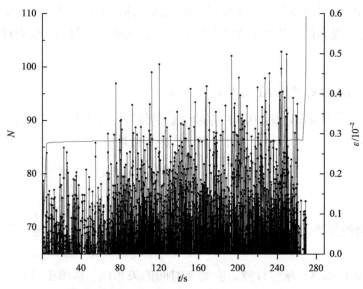

图 2-50　AE 振铃计数、应变与时间关系图

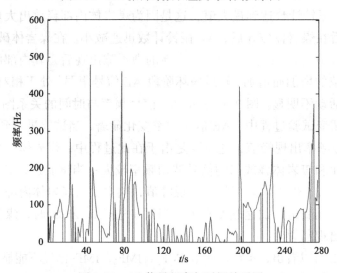

图 2-51　AE 信号频率与时间关系图

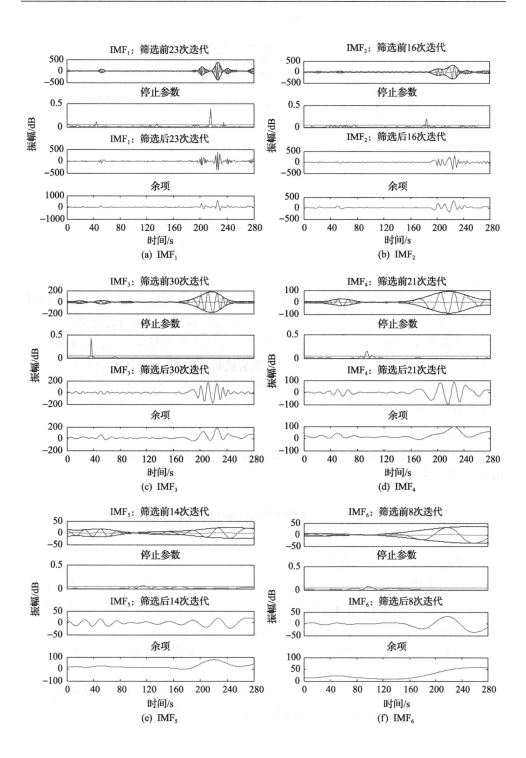

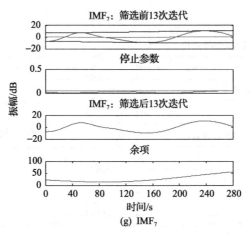

图 2-52　AE 振铃计数分解的 IMF 分量曲线

（2）等速蠕变阶段

　　煤岩体内部出现大量微裂隙，裂隙表现出较强的随机性和无序性。随着荷载的继续增加，煤岩体表面出现轻微裂隙，AE 振铃计数增加，并出现突变点，主要是因为该阶段煤岩体内部的弹性能量随着微裂隙的产生而释放，煤岩体表面产生局部弹性变形。在加载的 40～80s 内，为微裂纹扩展阶段，AE 振铃计数较第一阶段有所上升，最高值 100，但持续时间不长，幅度较小。加载 80～200s 后，煤岩体进入裂隙失稳扩展阶段。

　　（3）加速蠕变阶段

　　煤岩体内部裂隙逐渐贯通并形成宏观裂隙，AE 振铃计数增大，最高值达到 105；随后 AE 振铃计数迅速降低，整个过程是一个低—高—低的过程。

2.7　煤岩蠕变力学性质

2.7.1　单级加载下煤岩蠕变试验

　　按轴向荷载与裂隙的关系，将煤岩样分为 4 组进行单轴压缩蠕变试验，试验加载过程中采用单体分级加载方式，最大负荷为常规压缩单轴抗压强度的 75%～85%。将最大负荷分为几个层次，然后根据负荷层数确定出相应的加载级数，对煤岩样进行由小到大逐级加载，每级荷载的加载速率为 0.5kN/s，其分组结果如表 2-10 所示。

　　在恒定轴向应力 10MPa 作用下，分别对 2、3、4 号煤岩样进行单轴蠕变试验，用轴向引伸计记录轴向位移随时间的变化关系曲线，如图 2-53 所示。

表 2-10　煤岩样分组结果

煤岩样编号	分级加载	裂隙状况	轴向荷载与主裂隙的角度关系
1	7	无	
2	5	有	0°
3	6	有	45°
4	5	有	90°

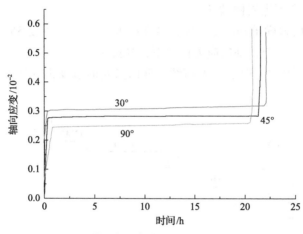

图 2-53　单级加载条件下单轴蠕变试验曲线

从图 2-53 可以看出,煤岩样在恒定轴向应力作用下,其蠕变过程表现为减速、等速蠕变和加速蠕变 3 个阶段;但减速阶段不同于传统的减速阶段,应变速率随时间的增加而减小,历时较短,只占总蠕变时间的 1/20 左右,线性明显,蠕变表现为弹性特征;等速蠕变阶段的蠕变试验曲线斜率近乎为 0,历时最长,占总时间的 4/5 以上,原有裂隙开始起裂、扩张并呈增大趋势;加速蠕变阶段具有时间短、应变率瞬间增大的特点,蠕变试验曲线的斜率由较大迅速增加到最大,裂隙迅速扩展、贯通,煤岩样出现宏观破坏。

轴向荷载与裂隙的角度对煤岩样的蠕变特性有很大影响,1 号煤岩样在经过 0.54h 后进入等速蠕变阶段,煤岩样的总应变值是 0.32×10^{-2},蠕应变为 0.12×10^{-2},蠕应变占总应变值的 37.5%;2 号煤岩样在经过 0.64h 后进入等速蠕变阶段,煤岩样的总应变值是 0.28×10^{-2},蠕应变为 0.08×10^{-2},蠕应变占总应变值的 28.6%;3 号煤岩样在经过 0.78h 后进入等速蠕变阶段,煤岩样的总应变值是 0.26×10^{-2},蠕应变为 0.06×10^{-2},蠕应变占总应变值的 23.1%。从图 2-54 可以看到,含不同裂隙角度的煤岩样蠕变曲线类似,走势相同,仅在各阶段的初始位置不同,这可能是裂隙角度的不同所致,蠕变进入加速蠕变的准备时间较长,且随着轴向荷载与裂隙角度的增大而延长。

2.7.2 分级加载下煤岩蠕变试验

由单轴压缩试验得到煤岩样单轴抗压强度为 15.2MPa，按其单轴抗压强度的 50%～85%，将抗压强度分成若干级，用轴向引伸计记录轴向应变随时间的变化曲线。因此，随着荷载的增加，其瞬时应变呈增加趋势，在低荷载作用下，煤岩样出现明显的瞬时应变，随后进入等速蠕变阶段；在较高轴向应力作用下，煤岩样进入等速蠕变阶段后，快速进入加速蠕变阶段，随着试验时间的延长，其蠕变速率迅速增加，直到煤岩样破坏。

1 号和 2 号煤岩样单轴压缩轴向蠕变曲线如图 2-54 和图 2-55 所示，从图中可见，1 号煤岩样在 3MPa 轴向应力作用下，共持续 0.56h，其瞬时应变为 0.092×10^{-2}；在 5MPa 轴向应力作用下，共持续 0.56h，其瞬时应变为 0.157×10^{-2}；在 7MPa

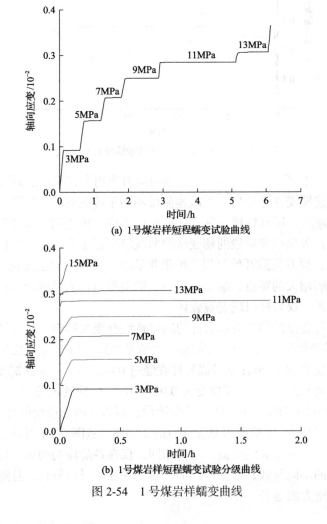

(a) 1号煤岩样短程蠕变试验曲线

(b) 1号煤岩样短程蠕变试验分级曲线

图 2-54 1 号煤岩样蠕变曲线

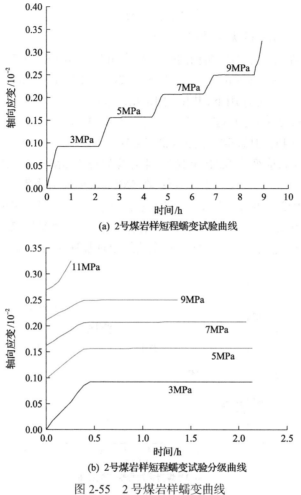

(a) 2号煤岩样短程蠕变试验曲线

(b) 2号煤岩样短程蠕变试验分级曲线

图 2-55　2 号煤岩样蠕变曲线

轴向应力作用下，共持续 0.52h，其瞬时应变为 0.208×10^{-2}；在 9MPa 轴向应力作用下，共持续 1.07h，其瞬时应变为 0.250×10^{-2}；在 11MPa 轴向应力作用下，共持续 1.74h，其瞬时应变为 0.285×10^{-2}；在 13MPa 轴向应力作用下，共持续 0.92h，其瞬时应变为 0.307×10^{-2}。2 号煤岩样在 3MPa 轴向应力作用下，共持续 2.14h，其瞬时应变为 0.092×10^{-2}；在 5MPa 轴向应力作用下，共持续 2.13h，其瞬时应变为 0.157×10^{-2}；在 7MPa 轴向应力作用下，共持续 2.07h，其瞬时应变为 0.208×10^{-2}；在 9MPa 轴向应力作用下，共持续 1.35h，其瞬时应变为 0.250×10^{-2}。1 号无裂隙煤岩样在轴向应力达到 13MPa 时蠕变曲线出现加速阶段，蠕变速率急速增加，0.06h 后煤岩样出现蠕变断裂，2 号有裂隙煤岩样则是在应力加载到 9MPa 时进入加速蠕变阶段，出现蠕变断裂。通过相同蠕变条件下有裂隙和无裂隙两种煤岩样的对比试验可以发现，有裂隙煤岩样长期强度比无裂隙煤岩样长期强度明显降低，瞬时应变比相应的无裂隙煤岩样小。

3 号和 4 号煤岩样单轴压缩轴向蠕变曲线如图 2-56 和图 2-57 所示。从图中可见，3 号煤岩样在 3MPa 轴向应力作用下，共持续 1.01h，其瞬时应变为 0.076×10^{-2}；在 5MPa 轴向应力作用下，共持续 1.87h，其瞬时应变为 0.156×10^{-2}；在 7MPa 轴向应力作用下，共持续 1.88h，其瞬时应变为 0.230×10^{-2}；在 9MPa 轴向应力作用下，共持续 1.84h，其瞬时应变为 0.275×10^{-2}；在 11MPa 轴向应力作用下，共持续 1.94h，其瞬时应变为 0.310×10^{-2}。4 号煤岩样在 3MPa 轴向应力作用下，共持续 2.04h，其瞬时应变为 0.021×10^{-2}；在 5MPa 轴向应力作用下，共持续 2.05h，其瞬时应变为 0.043×10^{-2}；在 7MPa 轴向应力作用下，共持续 2.02h，其瞬时应变为 0.062×10^{-2}；在 9MPa 轴向应力作用下，共持续 2.05h，其瞬时应变为 0.091×10^{-2}。3 号煤岩样在轴向应力达到 11MPa 时蠕变曲线出现加速阶段，蠕变速率急速增加，

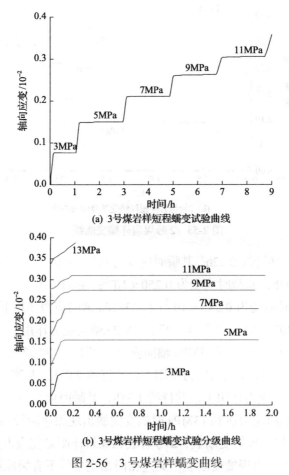

(a) 3号煤岩样短程蠕变试验曲线

(b) 3号煤岩样短程蠕变试验分级曲线

图 2-56   3 号煤岩样蠕变曲线

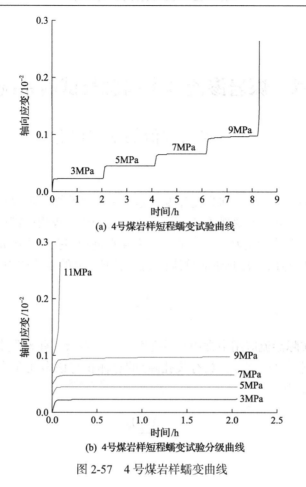

(a) 4号煤岩样短程蠕变试验曲线

(b) 4号煤岩样短程蠕变试验分级曲线

图 2-57　4 号煤岩样蠕变曲线

经 1.94h 后煤岩样出现蠕变断裂, 4 号煤岩样则是在应力加载到 9MPa 时进入加速蠕变阶段, 出现蠕变断裂。通过相同蠕变条件下不同裂隙角度的蠕变对比试验发现, 有裂隙煤岩样与无裂隙煤岩样之间的蠕变特性差别显著, 轴向荷载与裂隙角度对蠕变规律影响较大, 随着轴向荷载与裂隙角度的增大, 蠕变的长期强度变小, 瞬时应变逐渐变小。

第3章 煤岩渗流基本概念及试验系统研制

3.1 煤岩渗流的基本概念

3.1.1 孔隙率

孔隙率(porosity，ϕ)也称为孔隙度，是衡量煤岩特性的重要物理性质参数之一。其大小反映了孔隙和裂隙在岩石中所占的百分比。煤岩内部中的孔隙和裂隙越多，煤岩的力学特性越差。煤岩的孔隙率通常是指多孔介质内相互连通的微小孔隙的总体积 V_p 与该多孔介质的总体积 V_b 的比值。ϕ 的表达式为

$$\phi = \frac{V_p}{V_b} \tag{3-1}$$

孔隙率在实际渗流应用中常用有效孔隙率进行表示。有效孔隙率 ϕ_e 定义为多孔介质内相互连通的微小孔隙(有效孔隙)的总体积与该多孔介质的总体积的比值。ϕ_e 的表达式为

$$\phi_e = \frac{(V_p)_e}{V_b} \tag{3-2}$$

3.1.2 孔隙比

孔隙比(void ratio)是指煤岩体中孔隙的体积 V_p 与固体的体积 V_s 之比，是反映煤岩体密实程度的重要物理性质指标。一般用 e 代表，e 越大材料越疏松，反之，越密实。其表达式为

$$e = \frac{V_p}{V_s} \tag{3-3}$$

式中，$V_s = V_b - V_p$，将式(3-1)代入式(3-3)可得孔隙比与孔隙率的关系为

$$e = \frac{\phi}{1-\phi}, \quad \phi = \frac{e}{1+e} \tag{3-4}$$

3.1.3　比面

比面(specific surface)是指单位体积多孔介质内颗粒的总表面积，或者单位体积多孔介质内孔隙的总面积 A_s。多孔介质的比面越大，其对流体的吸附能力越大，渗透率越低，用 M 表示为

$$M = \frac{A_s}{V_b} \tag{3-5}$$

对于由 N 种不同半径球形颗粒所组成的多孔介质，其中半径为 r_i 的圆球个数为 N_i，则孔隙的总面积 A_s 和固体圆球的总体积分别为

$$A_s = \sum_{i=1}^{N} 4\pi r_i^2 N_i \tag{3-6}$$

$$V_s = \sum_{i=1}^{N} \frac{4\pi}{3} r_i^3 N_i = (1-\phi)V_b$$

所以比面

$$M = \frac{A_s}{V_b} = 3(1-\phi)\sum_{i=1}^{N}(r_i^2 N_i) / \sum_{i=1}^{N}(r_i^3 N_i) = \frac{3(1-\phi)}{\bar{r}} \tag{3-7}$$

式中，$\bar{r} = \sum_{i=1}^{N}(r_i^3 N_i) / \sum_{i=1}^{N}(r_i^2 N_i)$。

3.1.4　渗流速度 Dupuit-Forchheimer 关系式

渗流速度(seepage velocity)是指在多孔介质中，流体通过整个岩层横截面积的流动速度，或单位横截面积通过的比流量。因为流体在多孔介质中的流动非常复杂，在研究过程中通常认为流体是通过整个多孔介质中的特征面元 ΔA_n，多孔介质面元 ΔA_n 包括骨架所占面积 ΔA_s 和孔隙所占面积 ΔA_p，实际上流体只能通过孔隙面积 ΔA_p，但在计算中为了方便，通常把单位时间内通过多孔介质平面 ΔA_n 的流体体积记为特征流量，定义渗流速度 v 为特征流量 ΔQ_n 除以特征面元 ΔA_n，即

$$v = \frac{\Delta Q_n}{\Delta A_n} \tag{3-8}$$

下面给出渗流速度 v 与流体实际质点平均速度 v' 之间的关系。质点平均速度

的法向分量在特征面元孔隙部分 ΔA_p 上的积分为特征流量，即

$$\Delta Q_n = \int_{\Delta A_p} v' \cdot n \, \mathrm{d}A_p \tag{3-9}$$

将式(3-9)代入式(3-8)，得

$$v = \frac{1}{\Delta A_n} \int_{\Delta A_p} v' \cdot n \, \mathrm{d}A_p = \frac{\Delta A_p}{\Delta A_n} \frac{1}{\Delta A_p} \int_{\Delta A_p} v'_n \, \mathrm{d}A_p$$

式中，$\Delta A_p / \Delta A_n$ 为面孔隙率 ϕ_A，即空隙率 ϕ，而积分除以 ΔA_p 就是质点速度在 ΔA_p 上的平均值，记作 $\bar{v}'_n$。而在宏观意义上，ΔA_p 上的质点平均速度法向分量就是孔隙中质点速度的法向分量，$\bar{v}'_n$ 上的平均号可以去掉，则有

$$v = \phi v'_n \tag{3-10}$$

对于三维的情形，可以改写成

$$\vec{v} = \phi \vec{v}' \tag{3-11}$$

式(3-11)称为 Dupuit-Forchheimer 关系式，简称 DF 关系式。

3.1.5　渗透率与渗透系数

渗透率(permeabtity)是指在一定压差下，煤岩允许流体通过的能力，一般用 K 表示。它是表征土或岩石本身传导液体能力的参数，量纲为 L^2，大小与孔隙率、液体渗透方向上孔隙的骨架性质有关，而与在介质中运动的液体性质无关。渗透率 K 根据试验可由下式计算得到：

$$K = \frac{Q\mu\Delta L}{A\Delta p} \tag{3-12}$$

式中，Q 为流量；μ 为动力黏度；A 为截面积；ΔL 为长度；Δp 为压差。

渗透率用来表示渗透性的大小，在每厘米压力梯度为 1 个大气压时，动力黏度 μ 为 1cP 的单相液体通过横截面积为 $1\mathrm{cm}^2$ 的流量为 $1\mathrm{cm}^3/\mathrm{s}$，则称这种介质的度为 1D，$1\mathrm{D} = 9.8697 \times 10^{-9}\mathrm{cm}^2$。其定义为

$$1\mathrm{D} = \frac{[1\mathrm{cm}^3 / \mathrm{s}] \cdot 1\mathrm{cP} \cdot 1\mathrm{cm}}{1\mathrm{cm}^2 \cdot 1\mathrm{atm}} \tag{3-13}$$

式中，$1\mathrm{cP}=10^{-2}\mathrm{P}=10^{-2}\mathrm{D}\cdot\mathrm{s/cm^2}$，1 个大气压 $=1.032\times10^{6}\mathrm{D/cm^2}$。

渗透系数又称水力传导系数(hydraulic conductivity)，一般用 K' 表示，是渗流力学中的一个重要参数，其量纲和速度相同。在各向同性介质中，它定义为单位水力梯度下的单位流量，表示流体通过孔隙骨架的难易程度，它与固体骨架的性质以及渗透液体的物理性质有关。在各向异性介质中，渗透系数以张量形式表示。渗透系数越大，煤岩透水性越强。

渗透系数 K' 与渗透率 K 之间有如下关系：

$$K' = K\frac{\gamma}{\mu} \tag{3-14}$$

式中，μ 为流体的动力黏度；γ 为流体的重量密度。对于 20℃的水，有以下换算关系：$K'=1\mathrm{cm/s}$，相当于 $K=1.02\times10^{-5}\mathrm{cm^2}$。

3.2　Darcy 定律

达西定律(Darcy's law)是描述饱和土中水的渗流速度与水力坡降之间线性关系的规律，又称线性渗流定律，是渗流中最基本的定律，其简洁表达形式为

$$v = K'J \tag{3-15}$$

式中，v 为渗流速度；K' 为渗透系数；J 为水力梯度。

Darcy 定律在三维空间中的流动方程为

$$v = -\frac{K}{\mu}(\nabla p - \rho g) \tag{3-16}$$

式中，g 为重力加速度矢量，方向向下；μ 为动力黏度；p 为压力；ρ 为流体的密度。

在笛卡儿坐标系中，式(3-16)写出分量形式为

$$v_x = -\frac{K}{\mu}\frac{\partial p}{\partial x}, \quad v_y = -\frac{K}{\mu}\frac{\partial p}{\partial y}, \quad v_z = -\frac{K}{\mu}\left(\frac{\partial p}{\partial x} + \rho g\right) \tag{3-17}$$

关于 Darcy 定律的推导，现今已提出许许多多的模型。Whitaker 于 1986 年对不可压缩流体运用统计概念进行了推导,Ene 和 Poliserski 对可压缩流体运用 Darcy 定律进行了推导，并证明渗透率是对称的二阶张量。现在由普通黏性流体的动量守恒方程出发来推导渗流运动方程，根据雷诺运输公式：

$$\frac{\mathrm{d}}{\mathrm{d}t}\int_{\Omega} q_i \mathrm{d}\Omega = \int_{\Omega} \frac{\partial q_i}{\partial t}\,\mathrm{d}\Omega + \oiint_{\sigma} q_i V \cdot n \mathrm{d}\sigma \tag{3-18}$$

式中，Ω 为流场中任意划出的控制体；q_i 为流场中质点任意物理量；V 为质点平均速度；n 为法线单位矢量；$v=\phi V$，v 为渗流速度，ϕ 为孔隙率。

在雷诺运输公式(3-18)中令 $q_i = \rho V$，再考虑流体所受的质量力 F，可以得出动量守恒方程为

$$\frac{\partial(\rho V)}{\partial t} + \nabla \cdot (\rho V V) + \nabla \cdot (p\delta) - \nabla \cdot \boldsymbol{P} = F \tag{3-19}$$

式中，ρ 为流体密度；V 为质点平均速度；δ 为 Kronecker 符号，分量为 δ_{ij}；$p\delta$ 为流体上所受到的压力；$\boldsymbol{P}$ 为黏性应力张量；$\nabla \cdot \boldsymbol{P}$ 为单位体积流体所受到的黏性力。

普通黏性流体的连续性方程为

$$\frac{\partial \rho}{\partial t} + \nabla \cdot (pV) = 0 \tag{3-20}$$

结合式(3-20)可将式(3-19)改写成

$$\rho \frac{\partial V}{\partial t} + \cdot (\rho V \cdot \nabla)V + \nabla \cdot (p\delta) = \mu \nabla^2 V + \rho g \tag{3-21}$$

该方程被称为纳维耶-斯托克斯(Navier-Stokes)方程，简称为 N-S 方程。

对于 Darcy 定律，当速度较高时，必须要考虑流体的惯性和湍流效应。在多孔介质中，由于固体骨架在渗流过程中阻碍了流体运动，会引起流体的动量发生改变，当多孔介质孔隙较大时，就不是真正的多孔介质。煤岩多孔介质中的非稳态渗流要考虑到惯性与湍流效应，因此需要对 Darcy 定律进行修正。Darcy 定律加速度修正方程如下：

$$\rho c_a \frac{\partial V}{\partial t} = -\nabla p - \frac{\mu}{K}V + \rho g \tag{3-22}$$

式中，c_a 为加速度系数张量，它是一个常量，由多孔介质的几何特性所确定。对均匀各向同性介质，渗透率 K 是标量；对于各向异性介质，K 是二阶张量。

对于稳态流，式(3-22)中局部加速度项为零，则运动方程为

$$v = -\frac{K}{\mu}(\nabla p - \rho g) \tag{3-23}$$

3.3　非 Darcy 渗流

由于 Darcy 定律适用范围存在速度上限和速度下限，当渗流速度不在这个范围内时，该渗流称为非 Darcy 渗流或非线性渗流。非 Darcy 渗流主要有两种形式：一种是属于低渗透、低流速致密多孔介质中的存在启动压力梯度的非 Darcy 渗流；一种是存在高水力梯度、高雷诺数时的非 Darcy 渗流。

对于无源非稳态渗流的连续性方程为

$$\frac{\partial(\rho\phi)}{\partial t} + \nabla \cdot (\rho V) = 0 \tag{3-24}$$

对于平面径向流，式(3-24)可以改写成

$$\frac{\partial(\rho\phi)}{\partial t} + \frac{1}{r}\frac{\partial}{\partial r}(r\rho V) = 0 \tag{3-25}$$

式中，r 为极坐标系下的半径坐标。

对于平面平行流，方程可写为

$$\frac{\partial(\rho\phi)}{\partial t} + \frac{\partial}{\partial x}(\rho V) = 0 \tag{3-26}$$

若流动速度较低，流动是层流的，方程可写为

$$v = -\frac{K}{\mu}(\nabla p + \rho g z_0) \tag{3-27}$$

式中，z_0 为 z 轴方向的单位矢量。对于平面平行流可写成

$$v = -\frac{K}{\mu}\frac{\partial p}{\partial x} \tag{3-28}$$

在低渗透条件下，需考虑 Klinkenberg 效应，因而渗透率需要进行一定的修正。在低渗透率($10^{-4}\mu m^2$ 以下)和高地层压力(14MPa 以上)条件下，该效应也很显著。

如果渗流速度较高，将产生偏离 Darcy 定律的现象，一般写成

$$v = -\delta\frac{K}{\mu}(\nabla p + \rho g z_0) \tag{3-29}$$

式中，δ 为惯性-湍流修正系数。当忽略流体的重力或者平面流动，在均质煤岩体

中可写为

$$v = -\delta \frac{K}{\mu} \nabla p, \ \boldsymbol{\delta} = \frac{\mu}{\mu + \beta \rho K v} \tag{3-30}$$

式中，β 为非 Darcy 流因子。

在各向异性介质中，δ 是张量。取坐标轴沿惯性主轴方向，则有

$$v = -\boldsymbol{\delta} \frac{K}{\mu} \nabla p, \ \boldsymbol{\delta} = \begin{pmatrix} \delta_x & & \\ & \delta_y & \\ & & \delta_z \end{pmatrix} \tag{3-31}$$

Bear 总结了各种形式的非 Darcy 渗流，将非线性运动方程分为三类：在第一类方程中，系数与任何特定流体或介质的性质无关。在第二类方程中，系数表达式多少依赖于流体和介质的性质，并且还包含特定系数。在第三类方程中，系数在性质上与第二类方程相似，但系数是精确给定了的。下面给出常用的第一类、第二类方程。

第一类方程：

Forchheimer（1901）方程

$$J = av + bv^2 \tag{3-32}$$

式中，J 为水力坡降；a、b 为常数；v 为渗流速度。

Forchheimer（1930）方程

$$J = av + bv^m, \ 1.6 \leqslant m \leqslant 2 \tag{3-33}$$

White（1935）方程

$$\Delta p / \Delta x = av^{1.8} \tag{3-34}$$

Polubarinova-Kochina（1952）方程

$$J = av + bv^2 + c \frac{\partial v}{\partial t} \tag{3-35}$$

第二类方程：

Burke-Plummer（1928）方程

$$J = \left[K_0(1-n) \big/ \left(gn^3 d^2 \right) \right] v^2 \tag{3-36}$$

式中，K_0 为常数；n 为堆积体孔隙率；g 为重力加速度；d 为颗粒粒径尺寸。该方程仅适用于雷诺数很大的流动。

Ergun 和 Orning(1949)根据 Kozeny 和 Carman 的方法导出了如下方程：

$$J = \frac{5\alpha(1-n)^2 \nu M_s^2}{gn^3}\nu + \frac{\beta_{\mathrm{T}}(1-n)M_s}{8gn^3}\nu^2 \tag{3-37}$$

式中，α 为形状因素参数；β_{T} 为体积形状因素参数；M_s 为每单位体积固体的比面积；ν 为流体的运动黏滞系数。

Irmay(1958)方程

$$J = \alpha\frac{\nu(1-n)^2}{gd^2(n-n_0)^3}\nu + \frac{\beta_{\mathrm{T}}(1-n)}{gd(n-n_0)^3}\nu^2 + \frac{1}{g(n-n_0)}\frac{\partial \nu}{\partial t} \tag{3-38}$$

式中，n_0 为"无效"孔隙率。

Scheidegger(1960)方程

$$J = C_1\frac{\nu T^2}{gn}\nu + C_2\frac{T^3}{gn^2}\nu^2 \tag{3-39}$$

式中，C_1 和 C_2 为依赖于粒径分布的系数；T 为弯曲系数。该方程是根据一系列毛细管组成的多孔介质模型导出的。

Bcahmat(1965)方程

$$KJ = \frac{\nu}{g}\left(1 + \frac{\nu\beta}{n\nu}\right)\nu \tag{3-40}$$

式中，β 为几何形状系数。

Rummer-Drinker(1966)方程

$$J = (\alpha C_{\mathrm{D}}/n^2)\sqrt{(1-n)/(\lambda\beta K)}\,\nu^2/2g \tag{3-41}$$

式中，α 和 β 为形状因素参数；λ 为考虑周围颗粒影响的因素；C_{D} 为颗粒的阻力系数；K 为介质的渗透率。

Blick(1966)方程

$$J = \frac{32\nu}{gnD^2}\nu + \frac{C_{\mathrm{D}}}{2Dgn^2}\nu^2 \tag{3-42}$$

式中，D 为毛细管直径；C_{D} 为颗粒的阻力系数。

3.4 渗流基本方程

3.4.1 流体压缩与膨胀系数-状态方程

流体压缩系数是当液体或者气体受到轴向压力或张力时其体积变化量度。在等温情况下（$T=$常数），流体的压缩系数 c_f 定义为

$$c_f = -\frac{1}{V_p}\frac{\mathrm{d}V}{\mathrm{d}p} = \frac{1}{\rho}\frac{\mathrm{d}V}{\mathrm{d}p} \tag{3-43}$$

式中，V 为一定质量流体的体积；p 为压力，其单位为 Pa^{-1} 或 MPa^{-1}。对上式进行积分得

$$\rho = \rho_0 \exp[c_f(p-p_0)] \tag{3-44}$$

式中，ρ_0 为 p_0 条件下的密度。该方程称为流体的状态方程。对于液体来说，通常将液体视为不可压缩流体，其压力差不大，式(3-44)可近似表达为

$$\rho = \rho_0[1 + c_f(p-p_0)] \tag{3-45}$$

压缩系数 c_f 的倒数就是流体的体积弹性模量，它是单位体积相对变化所需要的压力增量。在研究非等温渗流时，考虑到流体的热膨胀系数或定压热膨胀系数 β_f 为

$$\beta_f = \frac{1}{\rho}\left(\frac{\partial \rho}{\partial T}\right)_p = \frac{1}{V}\left(\frac{\partial V}{\partial T}\right)_p \tag{3-46}$$

在其温度差不大的条件下，仅由温度引起的密度变化为

$$\rho = \rho_0[1 - \beta(T-T_0)] \tag{3-47}$$

式中，ρ_0 为 T_0 温度下的质量密度。在同时考虑压力和温度引起的密度变化时，可近似为

$$\rho(p,T) = \rho_0(p_0,T_0)[1 + c_f(p-p_0) - \beta_T(T-T_0)] \tag{3-48}$$

通常情况下，气体比液体容易压缩。对于理想气体，在等温条件下，气体的密度与压力成正比，即

$$p = \frac{RT}{M} \rho \qquad (3\text{-}49)$$

式中，M 为气体的摩尔质量；R 为普适气体常量，$R = 8314\text{J} / (\text{kmol} \cdot \text{K})$。对于真实气体，通常是引进一个与压力和温度有关的偏差因子(或压缩因子)Z，即状态方程为

$$p = \frac{RTZ}{M} \rho \qquad (3\text{-}50)$$

3.4.2 多孔介质的压缩系数-状态方程

一般情况下，多孔介质承受着内应力与外应力的作用。内应力是饱和介质内的流体所产生的静压力 p，外应力是上覆岩层所施加的作用力 σ。压缩系数是指单位压力变化所引起的孔隙体积的相对变化，是描述煤岩体压缩性大小的物理量，其表达式为

$$c_p = \frac{1}{V_p} \frac{\mathrm{d}V_p}{\mathrm{d}p} \bigg|_{\sigma=\text{常数}} \qquad (3\text{-}51)$$

上式等价于孔隙压缩系数

$$c_\phi = \frac{1}{\phi} \frac{\mathrm{d}\phi}{\mathrm{d}p} \bigg|_{\sigma=\text{常数}} \qquad (3\text{-}52)$$

对式(3-52)积分可得

$$\phi = \phi_0 \exp[c_\phi(p - p_0)] \qquad (3\text{-}53)$$

式中，ϕ_0 为对应压力为 p_0 时的孔隙率。在只考虑固体弹性变形范围之内，压差 $p - p_0$ 不是很大，式(3-53)可近似表达为

$$\phi = \phi_0[1 + c_\phi(p - p_0)] \qquad (3\text{-}54)$$

式(3-54)为固体骨架弹性变形的状态方程，或称孔隙率连续变化的状态方程。

3.4.3 连续性方程

连续性方程(continuity equation)是描述守恒量传输行为的偏微分方程，是质量守恒定律在流体力学中的具体表述形式。它的前提是对流体采用连续介质模型，

速度和密度都是空间坐标及时间的连续、可微函数。

对于单相流体渗流微分形式的连续性方程可以写成

$$\frac{\partial(\rho\phi)}{\partial t}+\nabla\cdot(\rho V)=q\rho \tag{3-55}$$

上式右端项中，源（汇）强度 q 对源和汇分别取正值与负值。在多孔介质不变形的情况下，孔隙率 ϕ 为恒定值，可以从偏导数中提出来，该方程为非稳态源流动连续性方程的一般形式。

将连续性方程与 Darcy 定律联合起来消去速度 v 表示成压力 p 与密度 ρ 的关系式，再将式（3-16）代入式（3-55），则可得到连续性方程的一般常数形式：

$$\frac{\partial(\rho\phi)}{\partial t}-\nabla\cdot\left[\frac{\rho K}{\mu}(\nabla p-\rho g)\right]=q\rho \tag{3-56}$$

式中，$q\rho$ 为源项。

对于非稳态无源流动连续性方程可写为

$$\frac{\partial(\rho\phi)}{\partial t}-\nabla\cdot\left[\frac{\rho K}{\mu}(\nabla p-\rho g)\right]=0 \tag{3-57}$$

对于无源不可压缩流体连续性方程可写为

$$\nabla\cdot\left[\frac{K}{\mu}\left(\frac{\nabla p}{\rho}-g\right)\right]=0 \tag{3-58}$$

3.5 煤岩渗流试验系统研制背景及意义

关于煤岩体在三向受压状态下的渗流特性，国内外已经做了诸多试验研究。总结起来，所做的试验研究基本上可分为两种：一种是对标准圆柱体岩样进行围压可调的三轴渗流试验；另一种是对破碎岩样进行围压不可调的三轴渗流试验。然而，第一种试验尽管能对围压进行调节，但是该装置只能适用于标准圆柱体岩样，不能对破碎岩样进行三轴渗流试验；第二种试验虽然能适用于破碎岩样，但是不能对围压进行调节。矿井深部堆积的岩体通常为破碎岩体，该岩体往往有很高的围压，且围压各不相同，若不能调节围压，不能提供高强围压，试验所得到的破碎岩石渗流特性势必与真实情况相差甚远，因此以上两种试验不能很好地满足破碎岩石三轴渗流试验。针对此问题，诸多学者也曾提出围压可调的破碎岩石三轴渗流试验系统的构想，但是由于破碎岩样围压难以控制、孔隙率和渗透截面积难以测定、装料和密封难以实现等问题不能得到很好解决，至今都没有设计出很好的破碎岩石三轴渗流试验系统。

　　另外，在研究煤岩体的渗流特性时，国内外学者做了较多试验，测量流量的方法总结起来可以分为两种：一种是用量筒测量渗透液体积，秒表测量时间；另一种是直接在管路上安装流量计。然而第一种方法的量筒读液体体积和人工控制秒表存在很大误差；第二种方法在渗透液流量较小时，流量计测流量的误差很大，且两种方法均不能断定渗流稳定时段。岩石的渗流属于小流量渗流，在岩石渗流试验中，流量是非常重要的参数，因此如何准确测量此参数成为试验的关键。此外，现有技术中的破碎岩样三轴渗流试验渗透装置还存在以下缺陷和不足：①只有一层径向固定的缸筒，该缸筒限制了破碎岩样在渗流过程中的径向变形，不能真实地反映破碎岩样渗透过程中的变形情况；②不能直接测量所装岩样的初始高度，需额外配备钢尺等测量工具，给试验增加了测量误差；③存在渗流试验时渗透截面积不可测量，破碎岩样密封不严实，围压液易进入破碎岩样等问题。

3.6　试验系统的设计

　　试验系统所要解决的技术问题在于针对现有技术中的不足，提供一种结构简单、设计合理、装配使用方便、密封性能好、能够真实反映破碎岩样渗透过程中的变形情况的破碎岩石三轴渗流试验系统。

3.6.1　试验系统的构成

　　该系统可进行破碎煤岩体在不同地应力场(轴压和围压)、不同孔隙压力作用下的渗流试验。该系统包括 DDL600 电子万能试验机、破碎岩石三轴渗透仪、渗透压加载系统、围压加载系统、电子分析天平和计算机。渗透装置包括底座、外缸筒、筒盖、下压头、内缸筒、套筒、上半凹面压头、上半凸面压头和活塞，活塞上设有渗透液出口，底座上设有渗透液入口，底座侧部设有围压液入口。渗透压加载系统包括渗透液箱、渗透液液压泵、单向阀、渗透液压力表和渗透液溢流阀，能够提供稳定的渗透压力，可模拟不同埋深下破碎岩体底部的承压水压力。围压加载系统包括围压液箱、围压液液压泵、围压液压力表和围压液溢流阀，能够提供可调的、稳定的围压，并且该系统由全数字计算机控制，具有自动采集数据的功能。

　　破碎岩石三轴渗流试验系统(发明专利 ZL201410032061.6)，如图 3-1 所示。

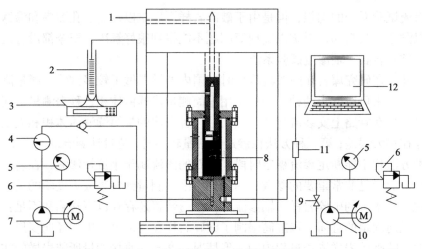

图 3-1　破碎岩石三轴渗流试验系统

1-试验机；2-量筒；3-电子天平；4-渗透液流量计；5-压力表；6-溢流阀；7-渗透液液压泵；
8-渗透仪；9-围压液回流阀；10-围压液液压泵；11-数据采集器；12-计算机

　　破碎岩石三轴渗透仪是该试验系统的主体，其设计主要考虑破碎岩石渗流过程中围压的效果。该渗透仪包括底座、外缸筒、筒盖、下压头、内缸筒、套筒、上半凹面压头、上半凸面压头和活塞，活塞上设有渗透液出口，底座上设有渗透液入口，底座侧部设有围压液入口。破碎岩石三轴渗透仪的示意图如图 3-2 所示。

(a) 渗透仪结构图　　　　　(b) 渗透仪实物图　　　　　(c) 内缸筒

图 3-2　破碎岩石三轴渗透仪

3.6.2　试验系统的组装

该试验系统具体组装过程如下：

1)将多个圆环构件从下到上依次叠放在一起，并将四个销钉分别穿入上下对齐的四组上销钉孔、中间销钉孔和下销钉孔中，组合成内缸筒；

2)将内缸筒放置在下压头上，去除四个销钉，在内缸筒的顶部放置套筒，并用电工胶带从下到上将下压头与内缸筒及套筒缠绕在一起；

3)在内缸筒和套筒内放入透水板和毛毡，并装入破碎岩样，在破碎岩样的顶部依次放置毛毡、透水板、上半凹面压头和上半凸面压头；

4)将 1)～3)组装完成的整体放置于设置在底座顶部中间位置处的凹槽内，且将外缸筒与底座连接；

5)将活塞穿过设置在筒盖中间位置处的通孔中，并将筒盖固定连接在外缸筒顶部，同时保证活塞插入圆环柱内；

6)将渗透液流入管连接到渗透液入口上，并将渗透液流出管连接到渗透液出口上；

7)将围压液流入管连接到围压液入口上；

8)将渗透液流出管插入量筒内，并将量筒放置在电子分析天平上；

9)将试验机和电子分析天平与计算机连接，并将 1)～5)组装完成的渗透装置对中放置于试验机的底座上，且使活塞上端面位于所述试验机压头的正下方，完成该试验系统的装配。

3.7　破碎岩石三轴渗流试验方法

按照上述步骤将该试验系统组装完成，进行破碎岩石三轴渗流试验，具体试验方法及步骤如下。

步骤 1：测量破碎岩样的初始高度 h_0。在计算机上，打开预先安装好的电子万能试验机软件和电子分析天平软件，操作电子万能试验机软件启动电子万能试验机，并设定电子万能试验机的压头下压活塞的速度参数，电子万能试验机的压头根据设定的速度参数下压活塞，当显示在电子万能试验机软件中的压头压力参数开始增大时，判断为活塞、上半凸面压头、上半凹面压头和破碎岩样四者已充分接触，操作电子万能试验机软件使电子万能试验机的压头停止下压；此时，查看活塞上的刻度，得到活塞露出筒盖外部的高度 h_3，并根据公式 $h_0 = h_1 + h_2 + h_3 + h_7 - h_4 - h_5 - h_6$ 计算出破碎岩样的初始高度 h_0。其中，h_1 为设置在底座顶部中间位置处的凹槽的深度，h_2 为外缸筒的高度，h_4 为活塞的高度，h_5 为充分接触在一起后的上半凸面压头和上半凹面压头的总高度，h_6 为下压头的高度，h_7 为筒盖的高度。

步骤 2：给破碎岩样加载压力为 a_1MPa 的围压。取下连接在排气口上的排气口塞，打开排气口，打开围压液溢流阀的进油开关，开启围压液压系统，围压液箱内的围压液经过第二液压泵加压后经由围压液流入管和围压液入口流入外缸筒与内缸筒之间的空间内；当排气口有围压液流出时，将排气口塞连接在排气口上，关闭排气口；调节围压液溢流阀，使围压液压力表显示 $a_1\mathrm{MPa}$，此时即将围压液压力调节到了 $a_1\mathrm{MPa}$，围压液将压力作用传递给缠绕有电工胶带的内缸筒，内缸筒再将压力作用传递给其内部的破碎岩样。

步骤 3：给破碎岩样中通入压力为 $b_1\mathrm{MPa}$ 的渗透液并记录从渗透液出口中流出渗透液的重量。打开渗透液溢流阀的进油开关，开启渗透液液压系统，调节渗透液溢流阀，使渗透液压力表显示 $b_1\mathrm{MPa}$，此时即将渗透液压力调节到了 $b_1\mathrm{MPa}$，渗透液箱内的渗透液经过第一液压泵加压后经由渗透液流入管和渗透液入口流入通道中，从破碎岩样底部开始向上渗透，当渗透液渗透到渗透液出口处时，从渗透液出口中流出并经渗透液流出管流入量筒中，电子分析天平每隔时间 Δt 记录一次渗透液的重量 G，并将记录到的渗透液的重量 G 传输给计算机，计算机上的电子分析天平软件上显示出渗透液的重量 G 随时间 t 变化的曲线。

步骤 4：记录破碎岩样渗流流量、流入渗透装置内的渗透液温度和流出渗透装置内的渗透液温度。查看显示在电子分析天平软件上的渗透液的重量 G 随时间 t 变化的曲线，当渗透液的重量 G 随时间 t 变化的曲线趋近于一条直线时，说明破碎岩样渗流已稳定，此时查看渗透液流量计的示数，当渗透液流量计上没有流量示数时，记录此时的时刻 t_1，用秒表记录量筒中渗透液体积增加的时间段 t_2，对量筒读数得到 t_1 时刻量筒中渗透液体积 V_{t_1} 和 t_1+t_2 时刻量筒中渗透液体积 $V_{t_1+t_2}$，并根据公式 $Q_{\text{量筒}}=\dfrac{V_{t_1+t_2}-V_{t_1}}{t_2}$ 计算出量筒测量得到的流量 $Q_{\text{量筒}}$，同时，根据电子分析天平记录到的 t_1 时刻的渗透液的重量 G_{t_1} 和 t_1+t_2 时刻的渗透液的重量 $G_{t_1+t_2}$，并根据公式 $Q_{\text{天平}}=\dfrac{G_{t_1+t_2}-G_{t_1}}{g\rho t_2}$ 计算出电子分析天平测量得到的流量 $Q_{\text{天平}}$，然后根据公式 $Q=\dfrac{Q_{\text{量筒}}+Q_{\text{天平}}}{2}$ 计算出破碎岩样渗流流量 Q，同时记录 t_1+t_2 时刻第一温度计上显示的流入渗透装置内的渗透液温度 T_{11} 和第二温度计上显示的流出渗透装置内的渗透液温度 T_{21}；其中，$t_2=n\Delta t$，n 为整数；当渗透液流量计上有流量示数时，记录此时的时刻 t_3，对渗透液流量计读数得到渗透液流量计测量得到的流量 $Q_{\text{流量计}}$，同时，根据电子分析天平记录到的 t_3 时刻的渗透液的重量 G_{t_3} 和 t_3+t_2' 时刻的渗透液的重量 $G_{t_3+t_2'}$，并根据公式 $Q_{\text{天平}}=\dfrac{G_{t_3+t_2'}-G_{t_3}}{g\rho t_2'}$ 计算出电子分析天平测量得到的流量 $Q_{\text{天平}}$，然后根据公式 $Q=\dfrac{Q_{\text{流量计}}+Q_{\text{天平}}}{2}$ 计算出破碎岩样渗流流量 Q，

同时记录 $t_3 + t_2'$ 时刻第一温度计上显示的流入渗透装置内的渗透液温度 T_{12} 和第二温度计上显示的流出渗透装置内的渗透液温度 T_{22}；其中，t_2' 为时间段且 $t_2'=n'\Delta t$，n' 为整数。

步骤 5：测量围压液压力为 a_1 MPa 时，各个渗透液压力等级下的破碎岩样渗流流量、流入渗透装置内的渗透液温度和流出渗透装置内的渗透液温度。保持围压液压力为 a_1 MPa 不变，调节渗透液溢流阀，使渗透液压力表示数减小并显示 b_2 MPa，此时即将渗透液压力调节到了 b_2 MPa，再根据步骤 5 记录破碎岩样渗流流量、流入渗透装置内的渗透液温度和流出渗透装置内的渗透液温度；然后再调节渗透液溢流阀，使渗透液压力表示数减小并显示 b_3 MPa，此时即将渗透液压力调节到了 b_3 MPa，再根据步骤 5 记录破碎岩样渗流流量、流入渗透装置内的渗透液温度和流出渗透装置内的渗透液温度；以此类推，直至将渗透液压力调节到了 0MPa，并记录各个渗透液压力等级下的破碎岩样渗流流量、流入渗透装置内的渗透液温度和流出渗透装置内的渗透液温度；关闭渗透液溢流阀的进油开关、渗透液液压系统、围压液溢流阀的进油开关、围压液压系统。

步骤 6：测量各个围压液压力水平下，各个渗透液压力等级下的破碎岩样渗流流量、流入渗透装置内的渗透液温度和流出渗透装置内的渗透液温度。调节围压液溢流阀，使围压液压力表示数减小并显示 a_2 MPa，此时即将围压液压力调节到了 a_2 MPa，再重复步骤 3～步骤 5；然后再调节围压液溢流阀，使围压液压力表示数减小并显示 a_3 MPa，此时即将渗透液压力调节到了 a_3 MPa，再重复步骤 3～步骤 5；以此类推，直至将围压液压力调节到了 0MPa，并记录每个围压液压力水平下，各个渗透液压力等级下的破碎岩样渗流流量、流入渗透装置内的渗透液温度和流出渗透装置内的渗透液温度。

步骤 7：测量各个加载位移时，各个围压液压力水平下，各个渗透液压力等级下的破碎岩样渗流流量、流入渗透装置内的渗透液温度和流出渗透装置内的渗透液温度：操作电子万能试验机软件，设定电子万能试验机的压头下压活塞的位移参数 Δh_1 和速度参数，电子万能试验机的压头根据设定的位移参数 Δh_1 和速度参数下压活塞，记录电子万能试验机的压头下压活塞的位移为 Δh_1 前的时刻 t_4 和电子万能试验机的压头下压活塞的位移为 Δh_1 时的时刻 t_5，对量筒读数得到 t_4 时刻量筒中渗透液体积 V_{t_4} 和 t_5 时刻量筒中渗透液体积 V_{t_5}，并根据公式 $\Delta V_{\text{量筒1}}=V_{t_5}-V_{t_4}$ 计算出量筒测量得到的加载位移 Δh_1 时渗透液的排量 $\Delta V_{\text{量筒1}}$；同时，根据电子分析天平记录到的 t_4 时刻的渗透液的重量 G_{t_4} 和 t_5 时刻的渗透液的重量 G_{t_5}，并根据公式 $\Delta V_{\text{天平1}}=\dfrac{G_{t_5}-G_{t_4}}{g\rho}$ 计算出电子分析天平测量得到的加载位移 Δh_1 时渗透液的排

量 $\Delta V_{天平1}$，然后根据公式 $\Delta V_1 = \dfrac{\Delta V_{量筒1} + \Delta V_{天平1}}{2}$ 计算出加载位移 Δh_1 时渗透液的排量 ΔV_1，再打开围压液溢流阀的进油开关，开启围压液压系统，调节围压液溢流阀，使围压液压力表显示 a_1 MPa，此时即将围压液压力调节到了 a_1 MPa，重复步骤 3～步骤 6，记录加载位移 Δh_1 时每个围压液压力水平下，各个渗透液压力等级下的破碎岩样渗流流量、流入渗透装置内的渗透液温度和流出渗透装置内的渗透液温度；然后再操作电子万能试验机软件，设定电子万能试验机的压头下压活塞的位移参数 Δh_2 和速度参数，电子万能试验机的压头根据设定的位移参数 Δh_2 和速度参数下压活塞，记录电子万能试验机的压头下压活塞的位移为 Δh_2 前的时刻 t_6 和电子万能试验机的压头下压活塞的位移为 Δh_2 时的时刻 t_7，对量筒读数得到 t_6 时刻量筒中渗透液体积 V_{t_6} 和 t_7 时刻量筒中渗透液体积 V_{t_7}，并根据公式 $\Delta V_{量筒2} = V_{t_7} - V_{t_6}$ 计算出量筒测量得到的加载位移 Δh_2 时渗透液的排量 $\Delta V_{量筒2}$；同时，根据电子分析天平记录到的 t_6 时刻的渗透液的重量 G_{t_6} 和 t_7 时刻的渗透液的重量 G_{t_7}，并根据公式 $\Delta V_{天平2} = \dfrac{G_{t_7} - G_{t_6}}{g\rho}$ 计算出电子分析天平测量得到的加载位移 Δh_2 时渗透液的排量 $\Delta V_{天平2}$，然后根据公式 $\Delta V_2 = \dfrac{\Delta V_{量筒2} + \Delta V_{天平2}}{2}$ 计算出加载位移 Δh_2 时渗透液的排量 ΔV_2，再打开围压液溢流阀的进油开关，开启围压液压系统，调节围压液溢流阀，使围压液压力表显示 a_1 MPa，此时即将围压液压力调节到了 a_1 MPa，重复步骤 3～步骤 6，记录加载位移 Δh_2 时每个围压液压力水平下，各个渗透液压力等级下的破碎岩样渗流流量、流入渗透装置内的渗透液温度和流出渗透装置内的渗透液温度；以此类推，直至测量完加载位移 Δh_m 时渗透液的排量 ΔV_m，并记录加载位移 Δh_m 时每个围压液压力水平下，各个渗透液压力等级下的破碎岩样渗流流量、流入渗透装置内的渗透液温度和流出渗透装置内的渗透液温度；其中，m 的取值为 3～10。

步骤 8：准备下次试验。打开围压液回流阀，操作电子万能试验机软件，提升电子万能试验机的压头，保存记录在计算机中的试验数据，准备进行下次试验。

步骤 9：对试验数据进行分析处理，得到破碎岩样的渗透系数 K'、破碎岩样的孔隙率 ϕ_0 和温度梯度 T_G。

第4章 侧限条件下破碎煤岩渗透特性

采动岩体渗流是采动岩体力学行为研究的重要内容。根据渗流特性和研究方法的不同，采动岩体渗流可分为破裂岩样渗流和破碎岩样渗流两部分，前者以破裂岩样为基本介质，主要讨论裂隙渗流规律及失稳分叉条件，后者以破碎岩样为基本介质，主要讨论夹缝渗流规律及流场随机分布演化等。

目前，在研究破裂岩样渗流方面，不同孔隙和裂隙的矿井顶底板在采动过程中承受弯曲作用时，其渗流特性与有效应力和渗透压差等之间的规律研究甚少；在研究破碎岩样渗流方面，从应力场-渗流场-裂隙场三场耦合角度对采动混合破碎岩样的渗透特性研究较少；在研究孔隙率对采动岩体渗流影响方面，通过控制孔隙率连续变化研究采动岩体渗透特性亦鲜见。因此，本章试图通过调配砂子的粒径控制圆形薄板的孔隙率，采用自制的试验模具制作圆形薄板，经过声波仪探测声波在圆形薄板径向的传播时间，求取各个圆形薄板的孔隙率，得到弯曲过程中不同孔隙率圆形薄板的渗透特性；通过多种矿物成分破碎岩样和混合破碎岩样的渗流特性试验研究，比较混合后的破碎岩样较单种破碎岩样的渗流特性的异同，得到混合破碎岩样的渗流规律；通过自行设计的试验方法使破碎岩样孔隙率连续变化，建立积分式模型求解破碎岩样的渗透特性参数，研究破碎岩样在此过程中的渗透特性。

4.1 破裂岩样渗透特性试验

煤矿开采过程中，顶底板往往因发生弯曲变形而破坏，这也是诱发煤矿突水或煤与瓦斯突出等事故的重要原因之一。国内外许多学者对煤岩体破坏过程中的渗透规律开展了广泛探索与研究，取得了显著成果。Jones[211]、Kranz 等[212]分别采用碳酸盐类岩石和花岗岩作为岩样进行了渗透试验，得到了正应力和渗透系数两者之间的关系。Gale[213]通过对花岗岩、大理岩和玄武岩的渗透特性研究，最终得出在高法向应力作用下裂隙中存在残余流动。李长洪等[214]、唐红度等[215]、王环玲等[216]均采用稳态渗透法，利用伺服试验机对灰岩、砂岩和标准煤样变形破坏过程中的渗透特性进行了测试，研究了三种岩样破坏变形过程中轴向应变和渗透率之间的关系。李顺才等[178]、王小江等[217]通过轴向压力分级加载控制的方式，研究了矸石和粗砂岩变形破坏中的渗透特性，得到了渗流稳定时渗透系数的变化规律。黄伟等[218]、Wang 等[219]进行了圆板状岩样破坏过程中的渗透特性测试试验，获得了渗透压差、渗流速度、渗透率与轴向荷载之间的关系。此外，诸多国内外学者从岩性、粒径、粒径组合和应力水平等方面对破碎煤岩体的渗透特性进行了深入研究[159]。本节在以上文献研究的基础上，给出了一种圆形薄板试样孔隙率的控制模型及计算方法；同时，考虑不同孔隙率中心受压圆形薄板试样弯曲变形过程中的渗透特性，给出了中心受压圆形薄板试样弯曲变形的允许挠度。

4.1.1　试验原理

1. 圆形薄板的孔隙率控制方法

首先进行弯曲破坏过程中圆形薄板的渗流试验。试验采用的圆形薄板内部不规则地分布着孔隙和微小裂隙，沿高度方向，其分为贯通和未贯通两种。因圆形薄板在弯曲破坏过程中，未贯通的孔隙和微小裂隙会迅速扩展贯通，且各自体积很小。故做出如下假定：①岩样内部的孔隙和微小裂隙均贯通；②以孔隙和微小裂隙沿圆形薄板径向的总长度为直径，圆形薄板顶底面之间的距离为高的圆柱体体积可表示孔隙和微小裂隙的总体积。

圆形薄板中所有孔隙和微小裂隙体积之和(V_1)与该圆形薄板总体积(V_2)的比值，称为该岩样的孔隙率。故圆形薄板的孔隙率为

$$\phi = \frac{V_1}{V_2} = \frac{\pi \left(\dfrac{D_1}{2}\right)^2}{\pi \left(\dfrac{D_2}{2}\right)^2} = \left(\frac{D_1}{D_2}\right)^2 \tag{4-1}$$

式中，D_1 为孔隙和微小裂隙总长度，m；D_2 为圆形薄板直径，m。D_2 可由游标卡尺直接测量，故只需测量圆形薄板孔隙和微小裂隙的总长度 D_1，即可得到圆形薄板的孔隙率大小。

因超声波沿圆形薄板径向传播时间 t 等于其在孔隙、微小裂隙内传播时间与混凝土中传播时间之和，则可得

$$\frac{D_1}{v_1} + \frac{D_2 - D_1}{v_2} = t \tag{4-2}$$

式中，v_1 为超声波在空气中的传播速度，m/s；v_2 为超声波在混凝土中的传播速度，m/s。

将式(4-2)代入式(4-1)，得

$$\phi = \left(\frac{v_1 v_2 t - D_2 v_1}{D_2 v_2 - D_2 v_1} \right)^2 \tag{4-3}$$

超声波在空气中的传播速度和温度的理论公式为

$$v_k = 331.5 + 0.6T \tag{4-4}$$

式中，T 为温度，℃。

试验处于室温下，故取超声波在空气中的传播速度 $v_k = 340\text{m/s}$。

超声波在混凝土中的传播速度与材料自身属性有关，在各向同性固体介质中，可按下式计算[220]：

$$v_L = \sqrt{\frac{E(1 - \mu_1)}{\rho(1 + \mu_1)(1 - 2\mu_1)}} \tag{4-5}$$

式中，E 为弹性模量，Pa；μ_1 为泊松系数；ρ 为材料密度，kg/m^3。

在圆形薄板制作完成后，通过测量圆形薄板的密度、弹性模量和泊松比等参量，计算超声波在各个圆形薄板中的传播速度。

采用 RSM-SY7 基桩多跨孔超声波自动循测仪测量超声波沿圆形薄板径向传播所需时间。为使测得数据更加真实，试验前需采用图 4-1 所示模型对超声波沿圆形薄板径向传播所需时间进行多次测量并取平均值。图 4-1 中，C 为圆形薄板的厚度。

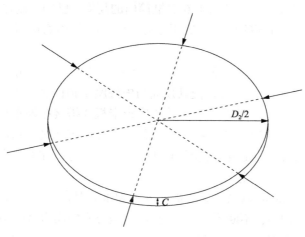

图 4-1　圆形薄板模型

综上所述，据式(4-3)可算得圆形薄板的孔隙率值。

2. 圆形薄板制作模具介绍

本试验利用一种自行设计的煤岩试样制备装置制作圆形薄板，如图4-2所示。

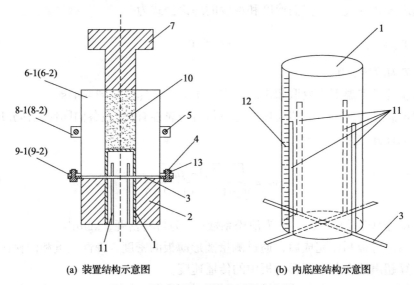

(a) 装置结构示意图　　　　　　　　(b) 内底座结构示意图

图4-2　高度可调式煤岩试样制备装置

1-内底座；2-外底座；3-十字形卡板；4,5-螺栓；6-1-左半缸筒；6-2-右半缸筒；7-夯实棒；8-1-左半连接板；
8-2-右半连接板；9-1-左凸沿；9-2-右凸沿；10-试样；11-镂空条；12-刻度；13-螺母

利用本装置制备煤岩样的具体过程如下：

1)计算内底座1需要嵌入6-1(6-2)缸筒内的高度：已知要制作的煤岩试样10的高度为M，且已知缸筒的高度为L，用L减去M就得到内底座1需要嵌入6-1(6-2)缸筒内的高度，记为N。

2)装配：扳动十字形卡板3，沿4个长条形镂空条11上下滑动，通过刻度12查看十字形卡板3滑动的位置，使其顶面与内底座1顶面之间的距离为N。将内底座1的下部套装到外底座2内，且将十字形卡板3搭接在外底座2的顶部，然后通过第一螺栓5将左半缸筒6-1和右半缸筒6-2固定连接成圆柱形缸筒，套装在内底座1的上部，并通过第二螺栓4和螺母13将十字形卡板3与左凸沿9-1和右凸沿9-2固定连接在一起。

3)进行试验：将试验材料(如水泥、砂子和水等混合料)装入圆柱形缸筒，并采用夯实棒7进行夯实，不断添加试验材料，直至夯实的煤岩试样10的高度为M。此时，煤岩试样10的顶端与圆柱形缸筒的顶端相平齐，取出煤岩试样10，即完成了煤岩试样10的制备。

依据以上原理，通过调节十字形卡板3滑动的位置，可以制备出不同高度的煤岩试样10。

3. 渗透特性理论及模型的建立

本试验采用稳态渗透法测定圆形薄板弯曲破坏过程中的渗透特性。

渗流速度 v 可通过流量 Q 计算：

$$v = \frac{Q}{\frac{\pi}{4}D_2^2} \tag{4-6}$$

式中，Q 为通过岩样的流量，$\mathrm{m^3/s}$；D_2 为圆形薄板的直径，m。

根据 Darcy 流定律：

$$Q = \frac{K'A\Delta p_r}{\mu\Delta h} \tag{4-7}$$

式中，K' 为岩样的渗透系数，$\mathrm{m/d}$；A 为岩样的截面积，$\mathrm{m^2}$；Δp_r 为岩样上下端压力差，Pa；μ 为渗透液动力黏度，$\mathrm{Pa \cdot s}$；Δh 为岩样的高度，m。

因此，将式(4-7)变形可得渗透系数：

$$K' = \frac{Q\mu\Delta h}{A\Delta p_r} \tag{4-8}$$

分析圆形薄板在试验过程中的受力情况，建立其在弯曲作用下的力学模型。本试验中，电子万能试验机的压头在圆形薄板上端面沿周长方向作用向下的压力，圆形薄板下端面承受均匀分布的渗透压和锥形压头的集中力。因作用于圆形薄板上端面的力沿周长方向分布，故可等效于圆形薄板边缘是夹住的情况。

为方便分析，采用将均匀分布的渗透压和锥形下压头的集中力分别受力分析后再进行叠加的方法。

1)取圆形薄板的中心为原点，取垂直于圆形薄板顶底面且经过原点的法线为 z 轴，正方向向下，取圆形薄板的任意一个半径方向作为极轴，均匀分布的渗透压可视为对称分布的法向荷载 q，如图 4-3 所示。

在图 4-3 所示的坐标系中，挠度 ω 确定一旋转面，荷载 q 和挠度 ω 均是 r 的函数。根据面板的弯曲理论、夹住边的边界条件和中心条件，可得挠度的表达式[221]：

$$\omega = \frac{qa^4}{8(9-k_1^2)(1+k_1)D}\left[3 - k_1 - 4\left(\frac{r}{a}\right)^{1+k_1} + (1+k_1)\left(\frac{r}{a}\right)^4\right] \tag{4-9}$$

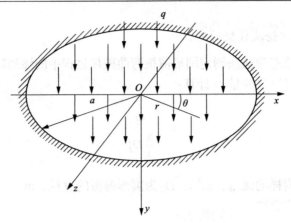

图 4-3　圆形薄板作用均布荷载

式中，q 为均布荷载；a 为岩样半径；k_1 为各向同性系数；D 为岩样弯曲刚度，

$D = \dfrac{EC^3}{12(1 - \mu_1)}$ （E 为弹性模量，C 为积分常数，μ_1 为泊松比）。试验所采用的圆形

薄板均是各向同性板，故在 $k_1 = 1$ 时，得到各向同性板的挠度：

$$\omega = \frac{qa^4}{64D}\left[1 - \left(\frac{r}{a}\right)^2\right]^2 \tag{4-10}$$

最大挠度发生在中心点，即 $r = 0$，将其代入式(4-10)可得

$$\omega_{\max}^1 = \frac{qa^4}{64D} \tag{4-11}$$

2)同理，建立如图 4-4 所示的坐标轴。其中，锥形下压头的集中力可视为作用于板面中心的集中力 P。

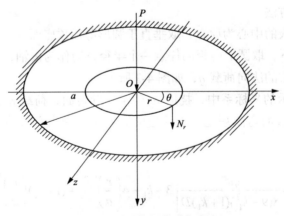

图 4-4　圆形薄板作用集中力

可得在圆形薄板中心处受集中力作用时，各向同性板的挠度：

$$\omega = \frac{Pa^2}{16\pi D}\left[1-\left(\frac{r}{a}\right)^2+2\left(\frac{r}{a}\right)^2\ln\frac{r}{a}\right] \tag{4-12}$$

式中，P 为作用于岩样中心的集中力。

最大挠度发生在中心点，即 $r=0$，故对式(4-12)取 $\frac{r}{a}\to 0$ 的极限，可得

$$\omega_{\max}^2 = \frac{Pa^2}{16\pi D} \tag{4-13}$$

根据叠加原理，可得圆形薄板在破坏过程中的最大挠度为

$$\omega_{\max} = \omega_{\max}^1 + \omega_{\max}^2 = \frac{qa^4}{64D}+\frac{Pa^2}{16\pi D} \tag{4-14}$$

试验中设定的渗透压 P_0 为定值，即 $q=P_0$ 为定值，岩样弯曲刚度 D 由材料自身属性决定。由式(4-14)可知，在试验中挠度因集中力 P 的变化而变化，两者呈正相关关系。

由力的平衡条件可得集中力 P 的大小：

$$P=F_1-P_0\pi a^2 \tag{4-15}$$

式中，F_1 为活塞对圆形薄板上端面的作用力，其值可由无纸记录仪记录并导出。圆形薄板在弯曲破坏过程中，作用力 F_1 会出现最大值，故由式(4-15)可知集中力 P 也将出现最大值 $P_{\max}$。将最大值 $P_{\max}$ 代入式(4-14)，可得圆形薄板未发生破坏的最大挠度，令其为允许挠度：

$$[\omega_{\max}] = \frac{qa^4}{64D}+\frac{P_{\max}a^2}{16\pi D} \tag{4-16}$$

矿井顶底板达到允许挠度后将会发生破坏，从而将可能引发突水和煤与瓦斯突出等灾害，故限制最大挠度 $|\omega|_{\max}$ 不超过允许挠度，建立圆形薄板弯曲破坏的刚度模型：

$$|\omega|_{\max} \leqslant [\omega_{\max}] \tag{4-17}$$

通过试验可得圆形薄板破坏前的允许挠度，该参数可指导矿井工作人员预防矿井发生突水和煤与瓦斯突出灾害。

本试验取渗透压 $P_0=0.5\mathrm{MPa}$。将声波沿径向传播所需时间最短的圆形薄板孔隙率定义为单位 1，则可通过声波沿其他圆形薄板径向传播时间与该最短时间的比

值确定所有圆形薄板的孔隙率。试验所采用的渗透液动力黏度 $\mu=1.96\times10^{-2}\mathrm{Pa\cdot s}$，质量密度 $\rho_1=874\mathrm{kg/m^3}$。

4.1.2　圆形薄板制备及试验方法

1. 圆形薄板制备

圆形薄板制备过程中，首先进行模具的制作和原料的选择，其次将一定比例的原料混合配比，而后将混合好的原料在模具中固定成型并养护 28 天，再次将制作好的圆形薄板进行打磨处理，以便使所有圆形薄板的上下底面平整，最后将已处理过的圆形薄板进行标号。圆形薄板完全制作好后，采用保鲜膜密封，并置于阴凉干燥处。圆形薄板制作的框架图如图 4-5 所示。

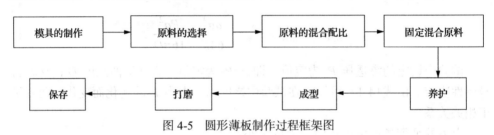

图 4-5　圆形薄板制作过程框架图

试验中将筛孔直径为 0.3mm、0.6mm、0.9mm、1.2mm、1.5mm 的分选筛，依据筛孔直径由小到大，从下往上叠放，如图 4-6 所示。筛出 0~0.3mm 的样砂标记为 1，0.3~0.6mm 的样砂标记为 2，0.6~0.9mm 的样砂标记为 3，0.9~1.2mm 的样砂标记为 4，1.2~1.5mm 的样砂标记为 5；将两种不同粒径的样砂按照 1:1 混合并标记，如将 1、2 样砂 1:1 混合，得到的混合砂标记为 1-2；将三种不同粒径的样砂按照 1:1:1 混合并标记，如将 1、2、3 样砂 1:1:1 混合，得到的混合砂标记为 1-2-3；将四种不同粒径的样砂按照 1:1:1:1 混合并标记，如将 1、

图 4-6　砂子筛选所用的筛子

2、3、4 样砂 1∶1∶1∶1 混合，得到的混合砂标记为 1-2-3-4；将 1、2、3、4、5 样砂 1∶1∶1∶1∶1 混合，得到的混合砂标记为 1-2-3-4-5。

将配比好的样砂按照水泥∶砂∶水为 1∶2∶0.57（重量比）配比进行圆形薄板的制作。所用水泥为 425 号矿渣硅酸盐水泥，砂为标准模型砂。在 18℃温度下浇注并养护 28 天后进行试验。制作的岩样要求是圆柱形，直径与缸筒内径相等（直径 50mm），厚度 10mm。试验前需将制作完成的岩样表面进行打磨，岩样厚度与直径之比小于 1/5，试验中的岩样符合薄板条件。

圆形薄板制作完成后，其中部分圆形薄板的制作效果并不理想，故需对上述制作的圆形薄板进行筛选。筛选按照以下两个原则：

1）采用肉眼观察的方法，剔除表面有裂隙的圆形薄板；

2）通过 RSM-SY7 基桩多跨孔超声波自动循测仪测量超声波沿圆形薄板径向传播所得的时间，分析对比三次测量所得的传播时间值。若同一岩样其中一组测得的传播时间与其他两组相差 20μs 以上，则说明制作的圆形薄板沿某一径向方向内部具有较大裂隙，故需将该种圆形薄板剔除。

根据上述岩样的筛选原则，选出标记为 2-3-4-5、1、1-2、1-3、1-4、1-5、2、2-3、2-4、3-4、4-5、1-2-3-4-5 的圆形薄板，按上述顺序将其重新编号为①、②、③、④、⑤、⑥、⑦、⑧、⑨、⑩、⑪、⑫。

2. 试验方法

试验系统由 DDL600 电子万能试验机、渗透仪、渗流回路、液压泵及液压附件组成，如图 4-7 所示。其中，渗透回路由液压泵、压力传感器、换向阀、截止阀、流量传感器等组成，渗透仪由缸筒、活塞、底板、钢圈、透水板等组成。

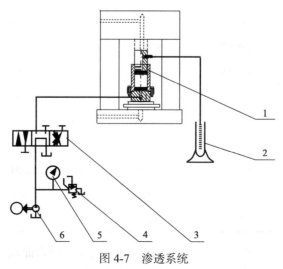

图 4-7　渗透系统

1-渗透仪；2-量杯；3-换向阀；4-溢流阀；5-压力表；6-液压泵

　　试验前采用已筛选完成的圆形薄板，将其装入渗透仪装置中并用密封材料进行密封，最终得到试验所需的渗透装置。将其置于电子万能试验机压盘之上并与下压头中心对正，调节电子万能试验机下压头，使其与渗透装置初始接触；开启液压泵同时打开进油阀，缓慢调节渗透压至 0.5MPa，且保持恒定；打开电子万能试验机控制软件，调节下压头下压速度为 0.5mm/min 并开始试验，记录下压时间 t、轴向荷载 F、轴向位移 S，同时打开无纸记录仪，记录孔隙压 p 及通过圆形薄板的流量 Q；待主机显示试样破断，停止数据采集并保存。

　　按照上述试验方法完成圆形薄板弯曲破坏过程中的渗透特性测试。试验过程中为提高试验的成功率，需注意以下几点：

　　1）密封材料的选取与配置；

　　2）试验结束后，因岩样破坏后其细屑容易堵塞管路，故需检查管路是否畅通。

4.1.3　试验结果与现象分析

　　本次试验共完成 12 个圆形薄板破坏过程中的渗透特性测定，试验过程中记录和测量的主要参数如表 4-1 所示。

表 4-1　岩样渗透过程中的主要参数

岩样编号	孔隙率 ϕ/%	初始渗透率 K/m²	轴向荷载最大值 F_{max}/N	F 出现峰值时间/s	Q 出现峰值时间/s	两峰值时间差/s
①	1.27	2.71×10^{-12}	3986.4	279	314	−35
②	1.10	9.71×10^{-12}	2991.0	1513	1527	−14
③	1.12	7.34×10^{-12}	2551.2	223	245	−22
④	1.00	8.82×10^{-12}	12905.2	2340	2320	20
⑤	1.01	8.78×10^{-12}	6746.6	79	61	18
⑥	1.00	9.71×10^{-12}	11905.2	1982	1962	20
⑦	1.20	6.14×10^{-12}	2131.8	120	138	−18
⑧	1.08	9.71×10^{-12}	3106.2	1371	1400	−29
⑨	1.03	6.14×10^{-12}	2111.4	220	245	−25
⑩	1.05	8.07×10^{-12}	2700.0	316	354	−38
⑪	1.29	1.60×10^{-12}	3592.2	180	195	−15
⑫	1.33	1.79×10^{-12}	4236.6	237	274	−37

　　由于篇幅限制，这里以⑨号圆形薄板为例，建立岩样弯曲破坏过程中渗透率、孔隙压与挠度的曲线，如图 4-8 所示。

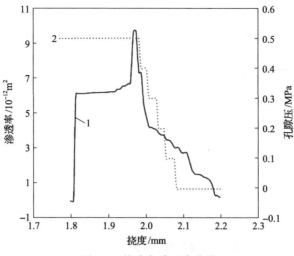

图 4-8　挠度与渗透率曲线

1-渗透率 K；2-孔隙压 p

由试验过程及结果可观察到如下现象：

1) 中心受压圆形薄板试样在弯曲变形过程中，随着挠度的增大微裂隙开始扩展、贯通，此时圆形薄板试样上端面有渗透液流出，当圆形薄板试样完全破坏时，渗透液流量出现最大值，且 $Q_{max}=630mL/h$。在轴向荷载、渗透压及锥形压头的共同作用下，中心受压圆形薄板试样完全破坏时的破裂面呈圆锥形状。

2) 中心受压圆形薄板试样在整个弯曲变形过程中渗透率和孔隙压的变化曲线如图 4-8 所示。由图可知，初始时刻圆形薄板试样的渗透率为零，从挠度 $\omega=1.8mm$ 开始，渗透率急剧增加，在 $\omega=2.0mm$ 左右，渗透率出现峰值，之后渗透率开始减小。这是由于圆形薄板试样在轴向荷载作用下，其内部微裂隙开始扩展、贯通，随着挠度的增加，微裂隙迅速贯穿，圆形薄板试样发生破坏且中间开始贯通，渗透率出现峰值。此时，由于圆形薄板试样中间贯通，其两端压力差由恒定的 0.5MPa 开始下降，渗透率开始减小并最终减为零。经过对其他圆形薄板试样的数据处理，发现同样存在如上规律。

3) 将表 4-1 中各个圆形薄板轴向荷载最大值与孔隙率建立曲线，如图 4-9 所示。

如图 4-9 所示，孔隙率越大的圆形薄板试样，其轴向荷载峰值 F_{max} 整体越趋于减小，且孔隙率 $\phi<1.03\%$ 时，轴向荷载峰值 F_{max} 减小的幅度较大，孔隙率 $\phi\geqslant1.03\%$ 时，轴向荷载峰值 F_{max} 出现微小波动。这是因为在试验过程中，各圆形薄板试样的孔隙结构不同，造成其内聚力和内摩擦角大小的各向异性和不确定性，从而影响各圆形薄板试样在弯曲过程中的承压能力。

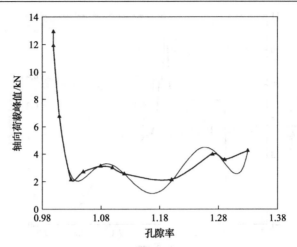

图 4-9　各级孔隙率与轴向荷载峰值曲线

假设圆形薄板试样两端面完全光滑，且各向同性，根据普朗德尔-赖斯纳(Prandtl-Reissner)极限承载力公式，可得

$$p_u = cN_c + qN_q \tag{4-18}$$

式中，p_u 为圆形薄板试样的极限承载力，MPa；c 为圆形薄板试样的内聚力，MPa；q 为圆形薄板试样上对称分布的法向荷载，MPa。

$$N_q = \tan^2\left(\frac{\pi}{4} + \frac{\varphi}{2}\right) e^{x\tan\varphi} \tag{4-19}$$

$$N_c = (N_q - 1)\cot\varphi \tag{4-20}$$

式中，N_c、N_q 为承载力因数；φ 为圆形薄板试样的内摩擦角。当 $\varphi \in \left(0, \frac{\pi}{2}\right)$ 时，承载力因数 N_q 是关于内摩擦角 φ 的增函数，将式(4-19)代入式(4-20)可得

$$N_c = \left[\tan^2\left(\frac{\pi}{4} + \frac{\varphi}{2}\right) e^{x\tan\varphi} - 1\right]\cot\varphi \tag{4-21}$$

式(4-21)求导可知：$N_c' > 0$，故承载力因数 N_c 亦是关于内摩擦角 φ 的增函数。由式(4-15)可知圆形薄板试样的轴向荷载峰值为

$$F_{\max} = P_{\max} + P_0\pi a^2 \tag{4-22}$$

当圆形薄板试样轴向荷载出现峰值 $F_{\max}$ 时，式(4-16)给出了圆形薄板试样弯曲变形过程中的允许挠度$[\omega_{\max}]$，即圆形薄板试样达到极限承载能力，则由式(4-18)

和式(4-22)可得

$$p_u = \frac{F_{\max}}{\pi a^2} \tag{4-23}$$

将式(4-23)代入式(4-18)，可得

$$F_{\max} = \pi a^2 (cN_c + qN_q) \tag{4-24}$$

岩样密度越大，其内摩擦角和内聚力越大[222]。对于孔隙率越大的圆形薄板试样，其内聚力 c 与内摩擦角 φ 越小，由式(4-19)和式(4-21)可知，圆形薄板试样内聚力 c 与内摩擦角 φ 越小，承载力因数 N_c、N_q 越小。因此，由式(4-24)可知，对于孔隙率越大的圆形薄板试样，其轴向荷载峰值 $F_{\max}$ 整体越趋于减小。当孔隙率 $\phi \geqslant 1.03$ 时，轴向荷载峰值出现微小波动，这是因为圆形薄板试样内聚力 c 受含水量的影响很大[223]，低湿度状态下内聚力 c 值较大，潮湿状态下内聚力 c 值较小。在试验过程中，部分圆形薄板试样受潮造成轴向荷载峰值在孔隙率 $\phi \geqslant 1.03$ 时出现微小波动。因此，对于顶底板岩层孔隙率较大的矿井可通过注浆等方式增加岩层密实度，从而提高矿井顶底板破坏过程中的极限承载力，降低发生矿井顶底板突水和煤与瓦斯突出等矿井灾害的危险性。

4)将表 4-1 中初始渗透率与孔隙率建立曲线，如图 4-10 所示。

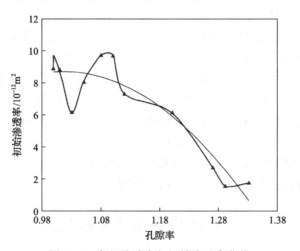

图 4-10　各级孔隙率与初始渗透率曲线

如图 4-10 所示，将各中心受压圆形薄板试样弯曲变形过程中刚出现流量时的渗透率视为圆形薄板试样初始渗透率。孔隙率越大的圆形薄板试样，其初始渗透率整体越趋于减小。这是因为，在中心受压圆形薄板试样弯曲变形过程中，孔隙率较小的圆形薄板试样，其内部微小裂隙未扩展、贯通之前便出现大裂隙而发生

破坏，且部分圆形薄板试样上端面的流量瞬间达到最大值；孔隙率较大的圆形薄板试样，其未完全破坏之前，内部微小裂隙迅速扩展并贯通，此时圆形薄板试样上端面出现较小流量。

5）将表 4-1 中峰值时间差与孔隙率建立曲线，如图 4-11 所示。

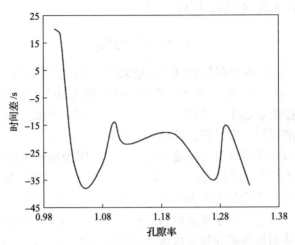

图 4-11　各级孔隙率与时间差曲线

如图 4-11 所示，中心受压圆形薄板试样弯曲变形过程中，孔隙率较大（大于1.03 左右）的圆形薄板试样，其轴向荷载峰值 F_{max} 先于流量峰值 Q_{max} 出现；孔隙率较小（小于 1.03 左右）的圆形薄板试样，其流量峰值 Q_{max} 先于轴向荷载峰值 F_{max} 出现。这是由于孔隙率较大的圆形薄板试样，其弯曲变形过程中所能承受的轴向荷载较小，即圆形薄板试样内部未完全贯通之前，圆形薄板试样挠度便达到允许挠度，因此，由式（4-14）和式（4-15）可知轴向荷载出现峰值；孔隙率较小的圆形薄板试样，其挠度未达到允许挠度，内部就出现完全贯通的现象，即圆形薄板试样上端面流量出现峰值。因此，对于矿井中孔隙率大小不同的顶底板，其弯曲变形过程中允许挠度与最大流量出现的先后时间有较大差别，可根据顶底板孔隙率的不同选取不同的监测方法，以防止顶底板的垮落或突水事故的发生。

4.2　破碎岩样渗透特性试验

4.2.1　多种矿物成分破碎岩石渗透特性试验

破碎岩体可分为原位破碎岩体和堆积破碎岩体两类[224]。采动影响下煤岩体发生变形，其渗透性会随之发生改变[225]，当采动岩体渗透系数达到一定数值时，矿井会发生井巷突水和煤与瓦斯突出等事故[156]。在采矿工程中深部堆积岩体常常承受较高的围压、轴压和孔隙水压，其渗透特性研究是煤矿突水等灾害防治的基础性课题[226]；在深部堆积破碎岩体孔隙率减少的同时，固体颗粒会出现进一步的破碎现象[177]。为研究矿井深部的高围压、高轴压和高孔隙水压的堆积破碎岩体流固耦合渗透规律，国内外诸多学者针对破碎岩样开展了实验室研究工作。孙明贵等[227]通过试验，获得了破碎岩石压实过程中荷载、颗粒直径与非 Darcy 流渗透特性的回归关系；马占国等[138,139]利用保持岩样的轴向总应力不变，有效应力随渗透压力波动，孔隙率随时间变化的方法测试了不同岩性、不同粒径的破碎岩石渗透特性，而黄先伍等[228]、李顺才等[159]利用控制孔隙率，岩样轴向总应力和有效应力均随时间变化的方法测试了破碎岩石的渗透特性。这些文献，尚未考虑相同粒径不同岩性的破碎岩样渗透过程中渗透特性的差异，也未分析有效应力对岩样渗透性参量的影响；未考虑混合破碎岩样的渗透特性及其与单岩样渗透特性的差异。在实际生产工程中，矿井深部堆积岩体往往是多种岩性岩样的混合体，故对多种矿物成分破碎岩样和混合破碎岩样的渗透特性进行研究将具有重要的工程意义。

1. 试验原理

(1)岩样孔隙率的计算原理

岩样破碎前的体积 V_r 为

$$V_r = \frac{m}{\rho_r} \tag{4-25}$$

式中，m 为破碎岩样的质量，kg；ρ_r 为岩心密度，kg/m^3，可通过将岩心制作为标准岩样，并称量其重量得到。

岩样破碎后的体积 V_g^0 为

$$V_g^0 = \frac{\pi d_p^2 H}{4} \tag{4-26}$$

式中，d_p 为缸桶内径，m；H 为缸筒内破碎岩样的高度，m。

由孔隙率定义得破碎岩样的孔隙率为

$$\phi_0 = \frac{V_g^0 - V_r}{V_g^0} \tag{4-27}$$

(2)岩样有效应力的计算原理

1925 年，奥地利泰尔扎吉(又译太沙基)提出了有效应力原理

$$\sigma_e = \sigma - \sigma_w \tag{4-28}$$

式中，σ_e 为有效应力，N/m^2；σ 为总应力，N/m^2；σ_w 为孔隙压力，N/m^2。

在试验过程中，破碎岩样的重力和孔隙压力呈线性分布，那么式(4-28)可变换为

$$\sigma_e = \frac{F}{A} + \frac{mgz}{AH} - \frac{p_1 z}{H} \tag{4-29}$$

式中，F 为活塞对破碎岩样所施的压力，N；A 为破碎岩石的横截面积，m^2；z 为截面至破碎岩样上端面距离，m；H 为破碎岩样高度，m；p_1 为破碎岩样下端渗透压力，Pa。

取平均有效应力作为破碎岩样渗透时的有效应力。因孔隙压力呈线性分布，故取等效孔隙压力 σ_w 为破碎岩样上下端渗透压力的平均值 $\frac{p_1 + p_2}{2}$，其中 p_2 为破碎岩样上端渗透压力。因渗透仪上端连通大气，故 $p_2=0$，那么等效孔隙压力 $\sigma_w = \frac{p_1}{2}$（$p_2=0$）。同理，取破碎岩样的平均重力为 $\frac{mg}{2}$，则式(4-29)可转化为

$$\sigma_e = \frac{F}{A} + \frac{mg}{2} - \frac{p_1}{2} \tag{4-30}$$

(3)岩样渗流速度的计算原理

渗流速度 v 可通过流量 Q 表示为

$$v = \frac{Q}{\frac{\pi}{4}d_p^2} \tag{4-31}$$

式中，Q 为通过破碎岩样的流量，m^3/s。

(4)岩样压力梯度的计算原理

忽略渗透仪中透水板和毛毡垫造成的压力损失，压力梯度为

$$G_p = \frac{p_2 - p_1}{H} \tag{4-32}$$

式中，$p_2=0$，则岩样压力梯度转化为

$$G_p = -\frac{p_1}{H} \tag{4-33}$$

(5)渗透率 K 和非 Darcy 流 β 因子的计算

以试验所得的渗流速度 v_i 和压力梯度 G_p 为横纵坐标绘制线性式图和二次多项式图。线性拟合得到 Darcy 流的渗透率 K_D，二次多项式拟合的趋势线方程一次项

系数为 $-\dfrac{\mu}{K}$，二次项系数为 $-\rho_1\beta$。其中，ρ_1 为液体质量密度，μ 为动力黏度，均可由渗透液体本身属性得到。

2. 试验前的准备和岩样的制备

（1）测算岩样的岩心密度

试验采用砂岩、泥岩和煤矸石，用煤岩样钻孔取样机钻取岩样岩心，然后在自动岩石切割机和程控双端面磨石机上将钻取的岩心制作成规格为 $\Phi50\text{mm}\times100\text{mm}$ 的标准岩样。用电子秤测定制作的岩样的质量，利用密度公式 $\rho=\dfrac{m}{V}$ 计算泥岩岩心密度。

实验步骤如下：

1）钻取岩心。利用钻孔取样机（图 4-12）沿垂直岩样层理方向进行钻取，以保证岩样中的原层位物性参数不变。

2）切割岩心。利用自动岩石切割机（图 4-13）将钻取的岩心切割成所需的高度。

图 4-12　钻孔取样机　　　　　　　　图 4-13　自动岩石切割机

3）打磨岩心。在程控双端面磨石机（图 4-14）上将切割的岩心制作成规格为 $\Phi50\text{mm}\times100\text{mm}$ 的标准岩样。

4）利用电子天平（图 4-15）测定岩心岩样的质量；计算岩样岩心密度。

最终得到 3 种岩样岩心密度分别为：砂岩 2614kg/m^3、泥岩 2507kg/m^3、煤矸石 2072kg/m^3。

（2）岩样的破碎及粒径筛选

试验前，用锤子将从矿井深部采取的块体岩样破碎，再利用分选筛，对 3 种岩样筛取 4 种基本粒径岩样（2.5mm、5mm、10mm 和 13mm），如图 4-16 所示。将不同粒径区间的 3 种岩性岩样分别编号，即砂岩 1：粒径 0～2.5mm，砂岩 2：粒径 2.5～5mm，砂岩 3：粒径 5～10mm，砂岩 4：粒径 10～13mm，砂岩 5：粒径

图 4-14　程控双端面磨石机

图 4-15　电子天平

图 4-16　破碎岩样

0～13mm(砂岩 1、2、3、4 按 1∶1∶1∶1 的质量比混合);泥岩 1:粒径 0～2.5mm,泥岩 2:粒径 2.5～5mm,泥岩 3:粒径 5～10mm,泥岩 4:粒径 10～13mm,泥岩 5:粒径 0～13mm(泥岩 1、2、3、4 按 1∶1∶1∶1 的质量比混合);煤矸石 1:粒径 0～2.5mm,煤矸石 2:粒径 2.5～5mm,煤矸石 3:粒径 5～10mm,煤矸石 4:粒径 10～13mm,煤矸石 5:粒径 0～13mm(煤矸石 1、2、3、4 按 1∶1∶1∶1 的质量比混合)。

3. 试验系统和试验步骤

试验系统:由液压泵、溢流阀、压力表、换向阀、渗透仪、DDL600 电子万能试验机等构成的破碎岩石三轴渗流试验系统(图 3-1),采用孔隙率分级控制的稳态法研究多种矿物成分破碎岩样的渗透特性。

试验步骤主要如下:

1)依据渗透仪缸桶容积的大小，称取一定质量为 m 的岩样，每组试验岩样的质量控制在 190～210g。

2)用游标卡尺(图 4-17)测量活塞直径 d_p、活塞高 h_p、透水板高 h_t、毛毡厚 h_f。

3)渗透仪缸筒内依次装入毛毡、透水板、岩样，调节缸筒高度待岩样找平后进行封装，如图 4-18 和图 4-19 所示。

4)将渗透试验装置中心对正置于电子万能试验机的压盘上，在 DDL600 电子万能试验机上加较小的初始荷载[158]，使加载压头与活塞接触，如图 4-20 所示，测量此时活塞上端面至岩样下端面的距离 h_c。

图 4-17　测量数据

图 4-18　装岩样

图 4-19　渗透装置

图 4-20　电子万能试验机

5)计算装入缸筒内岩样的初始高度：$h_0=h_c-h_p-h_t-h_f$。

6)开启液压泵并打开溢流阀，使岩样初始饱和 1min。

7)打开电子万能试验机软件使压头下压速度为 0.5mm/min，直至轴向位移 S(这里设定 5 级，分别为 4mm、8mm、10mm、12mm、14mm)停止压头下压，保持该轴向位移不变，利用溢流阀调节液体压力到设定的 4 级压力(0.5MPa、1.0MPa、1.5MPa、2.0MPa)，测定每级压力所对应的流量 Q 和岩样所受压力 F，然后将压头加压到设定的下一个位移，直到完成 5 级轴向位移后，换岩样，进行下一组岩样的渗透试验。

8) 清理实验室，关闭电源，作无污染处理。

试验中测得缸筒内径：D=67.96mm、毛毡厚 h_f=2.20mm、透水板高 h_t=10.06mm、活塞高 h_p=119.91mm。

4. 试验数据处理和现象分析

1) 在试验过程中，每加载一级位移后，渗流速度变化很大，经过一定的时间才趋于平稳。这是由于破碎泥岩在轴向压力作用下，孔隙及裂隙随时间发生变化，必须经过一定的时间才能达到稳定；表 4-2 中，轴向位移为 14mm 时，渗透率略有增大。这是因为当轴向位移为 14mm 时，轴压应力非常大，致使破碎岩石进一步破碎，从而裂隙扩展，出现渗透率增大现象。

表 4-2　粒径为 5～10mm 的泥岩渗透特性参数

轴向位移 S/mm	孔隙率 ϕ /%	压力梯度 G_p/(Pa/m)	有效应力 σ_e/Pa	渗流速度 v/(m/s)	渗透率 K/m²	非 Darcy 流 β 因子/m⁻¹
4	0.512	1.10×10^7	8.03×10^5	9.84×10^{-6}	4.90×10^{-14}	9.15×10^{13}
		2.20×10^7	1.17×10^6	1.53×10^{-5}		
		3.30×10^7	1.58×10^6	1.62×10^{-5}		
		4.40×10^7	1.97×10^6	2.12×10^{-5}		
8	0.465	1.20×10^7	1.88×10^6	4.52×10^{-6}	2.18×10^{-14}	6.86×10^{14}
		2.41×10^7	1.96×10^6	5.20×10^{-6}		
		3.61×10^7	2.18×10^6	6.72×10^{-6}		
		4.82×10^7	2.36×10^6	8.35×10^{-6}		
10	0.438	1.27×10^7	2.19×10^6	3.10×10^{-6}	6.53×10^{-15}	9.15×10^{14}
		2.53×10^7	2.28×10^6	3.83×10^{-6}		
		3.80×10^7	2.40×10^6	4.92×10^{-6}		
		5.06×10^7	2.69×10^6	6.41×10^{-6}		
12	0.408	1.33×10^7	2.73×10^6	2.15×10^{-6}	3.92×10^{-15}	1.14×10^{15}
		2.66×10^7	2.82×10^6	2.70×10^{-6}		
		4.00×10^7	2.91×10^6	3.72×10^{-6}		
		5.33×10^8	3.03×10^6	4.75×10^{-6}		
14	0.375	1.41×10^8	3.49×10^6	1.89×10^{-6}	4.90×10^{-15}	3.43×10^{15}
		2.82×10^8	3.56×10^6	2.33×10^{-6}		
		4.23×10^8	3.68×10^6	3.06×10^{-6}		
		5.63×10^8	3.77×10^6	3.77×10^{-6}		

2)试验时，渗透液压力越大，岩样所承受的有效应力越大，渗透越快，流量 Q 越大。这是因为在轴向位移不变的情况下，随着缸筒下端液体压力的增大，岩样颗粒之间传递的应力增加，岩体骨架所受应力增大，即有效应力增大，同时等效孔隙水压力增大，致使流量 Q 增大。

3)单一粒径岩样的渗透性。以泥岩 3(粒径：5～10mm)为例，绘制渗流速度-压力梯度的线性式图和二次多项式图，并且给出其相关系数 R^2(图 4-21)，故可获取每级位移水平对应的渗透率 K 和非 Darcy 流 β 因子(表 4-2)。

由图 4-21 可知：①每一级孔隙率的二项式曲线较线性拟合的相关系数 R^2 均大，且随着孔隙率 ϕ 的减小二项式曲线的相关系数 R^2 增大，最大甚至达到 0.97。这表明，破碎泥岩的渗流呈现非 Darcy 流特性，且孔隙率 ϕ 越小，非 Darcy 流特性现象越明显。②渗流速度-压力梯度二项式曲线呈现凸函数性质，且随着渗流速度 v 的增大，压力梯度 G_p 呈现减小趋势(其一阶导函数是减函数)。这表明，随渗流速度

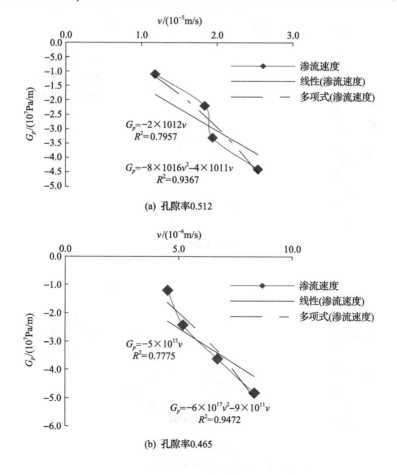

(a) 孔隙率0.512

(b) 孔隙率0.465

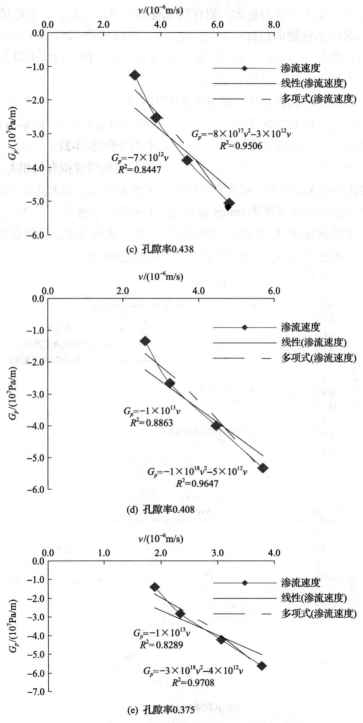

图 4-21　各级孔隙率的渗流速度-压力梯度曲线

v 增大,压力梯度 G_p 减小的幅度在增加,即 $\dfrac{\left|G_p(v_2)-G_p(v_1)\right|}{v_2-v_1}>\dfrac{\left|G_p(v_1)-G_p(v_0)\right|}{v_1-v_0}$（其中, $v_2>v_1>v_0$）。经过其他粒径的二项式拟合,发现同样存在以上两个现象。

4)将表 4-2 中的有效应力与渗流速度建立曲线,如图 4-22 所示。

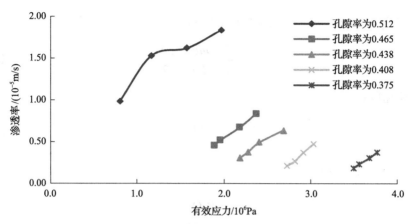

图 4-22　各级孔隙率的有效应力-渗流速度曲线

试验中,溢流阀调节的液体压力越大时,渗透越快,渗流速度 v 越大。这是因为液体压力越大,岩样的有效应力 σ_e 越大,且在不同孔隙率 ϕ 下,有效应力 σ_e 关于渗流速度 v 的曲线(图 4-22)均呈上升趋势,即有效应力 σ_e 越大,渗流速度 v 越大。有效应力 σ_e 与渗流速度 v 曲线(图 4-22)可用线性关系拟合,表 4-3 给出了其相应的拟合关系和相关系数。

表 4-3　有效应力-渗流速度曲线的拟合关系

孔隙率 ϕ	拟合关系	相关系数 R^2
0.512	$v=7\times10^{-12}\,\sigma_e+6\times10^{-6}$	0.8757
0.465	$v=8\times10^{-12}\,\sigma_e-1\times10^{-5}$	0.9965
0.438	$v=7\times10^{-12}\,\sigma_e-1\times10^{-5}$	0.9840
0.408	$v=9\times10^{-12}\,\sigma_e-2\times10^{-5}$	0.9929
0.375	$v=7\times10^{-12}\,\sigma_e-2\times10^{-5}$	0.9970

由表 4-3 可知,有效应力 σ_e 与渗流速度 v 线性拟合相关系数 R^2 很大,最大可达 0.99 以上。对其他岩样进行数据处理后可以发现,有效应力 σ_e 与渗流速度 v 也可用线性关系拟合。那么,设有效应力与渗流速度可用线性拟合为

$$\sigma_e=K_0v+b \tag{4-34}$$

式中，K_0 为岩样变形初期渗透率；b 为与轴向荷载级数有关的拟合参数。

式 (4-34) 可写成

$$v = \frac{\sigma_e - b}{K_0} \tag{4-35}$$

又因 $\Delta p_r = p_2 - p_1 = -p_1$。则式 (4-34) 变形如下：

$$\sigma_e = \frac{F}{A} + \frac{mg}{2A} + \frac{\Delta p_r}{2} \tag{4-36}$$

渗流速度：

$$v = \frac{Q}{A} \tag{4-37}$$

由 Darcy 流定律得

$$Q = \frac{KA\Delta p_r}{\mu\Delta L} \tag{4-38}$$

由式 (4-37) 和式 (4-38) 可得

$$v = \frac{K\Delta p_r}{\mu\Delta L} \tag{4-39}$$

由式 (4-35) 和式 (4-39) 可得

$$\frac{K\Delta p_r}{\mu\Delta L} = \frac{\sigma_e - b}{K_0} \tag{4-40}$$

再由式 (4-36) 和式 (4-40) 得

$$K = \frac{(\sigma_e - b)\mu\Delta LA}{2K_0A\sigma_e - 2K_0F - K_0mg} \tag{4-41}$$

通过试验可得到不同岩样的 K_0 和 b，那么就可以用有效应力 σ_e 估计渗透率 K。这对煤矿井下人员直接估计岩层的渗水情况具有非常重要的意义。

5) 将表 4-2 中各级孔隙率下渗流特性参量 (渗透率 K 和非 Darcy 流 β 因子) 与孔隙率建立曲线，如图 4-23 和图 4-24 所示。

在图 4-23 和图 4-24 中，随着轴向位移 S 的增加，孔隙率 ϕ 减小，渗透率 K 整体呈减小趋势，而非 Darcy 流 β 因子增加，在孔隙率 ϕ 较小 ($\phi < 0.4$) 时，渗透率 K 变化较小，且略有上升，而非 Darcy 流 β 因子变化很大。这是因为孔隙率

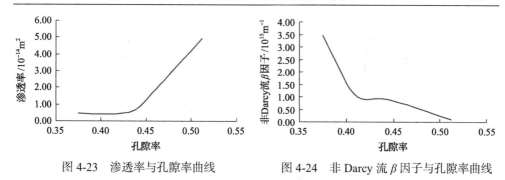

图 4-23　渗透率与孔隙率曲线　　　　图 4-24　非 Darcy 流 β 因子与孔隙率曲线

ϕ 较小时,流量 Q 很小,渗流速度 v 也很小,导致其变化幅度相对较小,而非 Darcy 流 β 因子在孔隙率 ϕ 较小时变化很大,这表明破碎泥岩孔隙率 ϕ 较小时,其渗流特性呈现非 Darcy 流现象更明显。

6)粒径对渗透性参量的影响。以泥岩的渗透试验为例,由表 4-2 可得一组渗透率-孔隙率曲线,如图 4-25 所示。

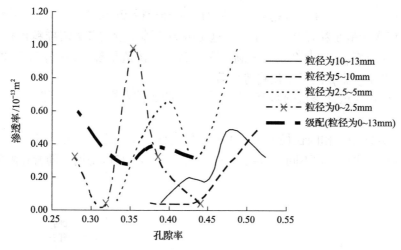

图 4-25　不同粒径岩样渗透率与孔隙率

由图 4-25 可知,在研究的 5 种粒径泥岩中,当粒径较大(5～10mm 和 10～13mm)时,随着孔隙率 ϕ 的增大,渗透率 K 基本呈增长趋势,而当粒径较小(0～2.5mm、2.5～5mm 和级配)时,随着孔隙率 ϕ 的增大,渗透率 K 波动较大。这是因为在试验轴向应力增大的过程中,随着破碎岩样颗粒棱角的破坏,其孔隙结构发生变化,导致孔隙通道的不确定性和复杂性[144],颗粒粒径越小,不确定性和复杂性越大。

7)由表 4-2 可得一组非 Darcy 流 β 因子-孔隙率曲线,如图 4-26 所示。

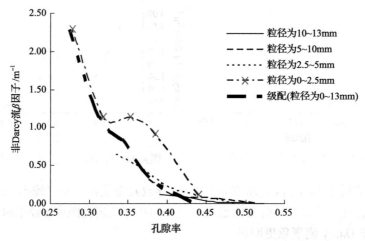

图 4-26　不同粒径岩样非 Darcy 流 β 因子与孔隙率

在图 4-26 中，不同粒径泥岩的非 Darcy 流 β 因子随孔隙率 ϕ 的增大均呈减小趋势，且粒径越小变化趋势越明显，同时，4 种粒径级配的岩样 5 变化趋势也相当明显（仅次于最小粒径 0～2.5mm），这是因为相等质量的破碎岩样粒径越小，排列组合的孔隙率 ϕ 越小[229]，且小孔隙率的破碎岩样渗流呈现非 Darcy 流现象明显，造成了非 Darcy 流 β 因子变化趋势显著。

8）岩性对渗透性参量的影响。将相同粒径的 3 种岩样，建立孔隙率–渗透率曲线，如图 4-27 所示。

在图 4-27 中，相同粒径大小的不同岩性岩样，随着孔隙率的增加，其渗透率变化程度和变化趋势均不同。当粒径较大（粒径为 10～13mm）时，随着孔隙率的增

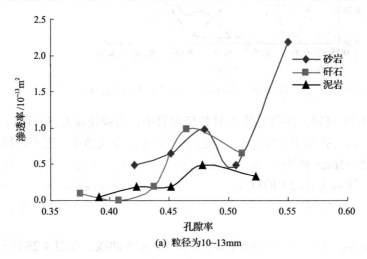

(a) 粒径为10~13mm

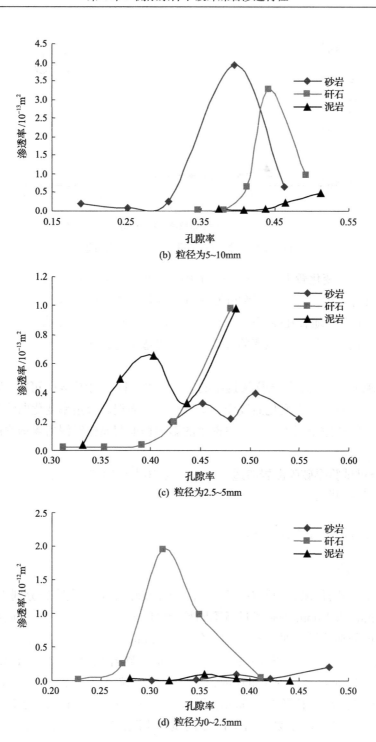

(b) 粒径为5~10mm

(c) 粒径为2.5~5mm

(d) 粒径为0~2.5mm

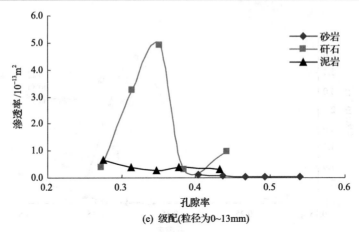

(e) 级配(粒径为0~13mm)

图 4-27　不同粒径的孔隙率-渗透率曲线

加，砂岩渗透率变化较大，泥岩和矸石渗透率变化较为平缓；当粒径为 5~10mm 时，随着孔隙率的增加，砂岩和矸石渗透率变化很大，而泥岩趋于平缓；当粒径为 2.5~5mm 时，随着孔隙率的增加，3 种岩样渗透率均变化很大；当粒径为 0~2.5mm 和级配时，随着孔隙率的增加，矸石渗透率变化很大，而砂岩和泥岩渗透率变化平缓。

9)孔隙率对不同岩性岩样渗透率的影响程度不同。由图 4-27 可得，随着孔隙率的增加，矸石渗透率变化曲线变化幅度很大，而泥岩渗透率变化曲线基本处于平缓态势，故孔隙率因素对矸石渗透率的影响程度明显比对泥岩渗透率的影响程度大。

10)通过试验得破碎泥岩渗透率的量级为 $10^{-15}\sim10^{-14}\text{m}^2$，非 Darcy 流 β 因子量级为 $10^{13}\sim10^{16}\text{m}^{-1}$。

4.2.2　混合破碎岩样渗透特性试验

1. 岩样的制备

试验采用砂岩、泥岩和矸石三种岩样。岩样破碎后，用网孔直径分别为 2.5mm、5mm、10mm 和 13mm 的筛子进行不同粒径区间分离。将同一岩性不同粒径区间的破碎岩样分别编号，即砂岩 1：粒径 0~2.5mm，砂岩 2：粒径 2.5~5mm，砂岩 3：粒径 5~10mm，砂岩 4：粒径 10~13mm，砂岩 5：粒径 0~13mm(砂岩 1、2、3、4 按 1∶1∶1∶1 的质量比混合)；泥岩 1：粒径 0~2.5mm，泥岩 2：粒径 2.5~5mm，泥岩 3：粒径 5~10mm，泥岩 4：粒径 10~13mm，泥岩 5：粒径 0~13mm(泥岩 1、2、3、4 按 1∶1∶1∶1 的质量比混合)；矸石 1：粒径 0~2.5mm，矸石 2：粒径 2.5~5mm，矸石 3：粒径 5~10mm，矸石 4：粒径 10~13mm，矸石 5：粒径 0～13mm（煤矸石 1、2、3、4 按 1：1：1：1 的质量比混合）。

取同一粒径不同岩性的破碎岩样依据 1：1 的质量比两两混合编号，即砂泥混 1：粒径 0～2.5mm（粒径为 0～2.5mm 的破碎砂岩和泥岩以 1：1 的质量比混合），砂泥混 2：粒径 2.5～5mm，砂泥混 3：粒径 5～10mm，砂泥混 4：粒径 10～13mm，砂泥混 5：粒径 0～13mm；砂矸混 1：粒径 0～2.5mm（粒径为 0～2.5mm 的破碎砂岩和矸石以 1：1 的质量比混合），砂矸混 2：粒径 2.5～5mm，砂矸混 3：粒径 5～10mm，砂矸混 4：粒径 10～13mm，砂矸混 5：粒径 0～13mm；泥矸混 1：粒径 0～2.5mm（粒径为 0～2.5mm 的破碎泥岩和矸石以 1：1 的质量比混合），泥矸混 2：粒径 2.5～5mm，泥矸混 3：粒径 5～10mm，泥矸混 4：粒径 10～13mm，泥矸混 5：粒径 0～13mm。

取同一粒径的三种岩性破碎岩样依据 1：1：1 的质量比混合编号，如三岩混 1：粒径 0～2.5mm（粒径为 0～2.5mm 的三种破碎岩样以 1：1：1 的质量比混合），三岩混 2：粒径 2.5～5mm，三岩混 3：粒径 5～10mm，三岩混 4：粒径 10～13mm，三岩混 5：粒径 0～13mm。

2. 试验数据处理和现象分析

1) 研究同一粒径岩样之间的渗透性。以粒径为 2.5～5mm 的岩样为例，用二次多项式拟合其渗流速度-压力梯度，相关系数 R^2 见表 4-4。

表 4-4 粒径为 2.5～5mm 的岩样相关系数

轴向位移/mm	相关系数 R^2						
	砂岩	泥岩	矸石	砂泥混	砂矸混	泥矸混	三岩混
4	0.951	0.955	0.970	0.898	0.875	0.874	0.998
8	0.911	0.734	0.888	0.989	0.978	0.943	0.976
10	0.931	0.970	0.991	0.983	0.977	0.995	0.988
12	0.872	0.998	0.945	0.967	0.984	0.995	0.983
14	0.778	0.991	0.973	0.986	0.968	0.999	0.959
平均值	0.889	0.930	0.953	0.965	0.956	0.961	0.981

由表 4-4 可得，同种粒径破碎岩样混合后较其各个单种破碎岩样的相关系数 R^2 平均值均大，即混合破碎岩样渗流较其各个单种破碎岩样渗流的非 Darcy 流特性更加明显。

2) 研究单种岩样和混合岩样的渗透率参量。对每种粒径的岩样进行渗透试验，得到图 4-28 所示的各粒径区间岩样孔隙率-渗透率曲线。

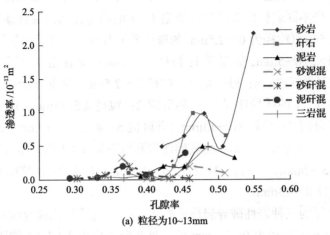

(a) 粒径为10~13mm

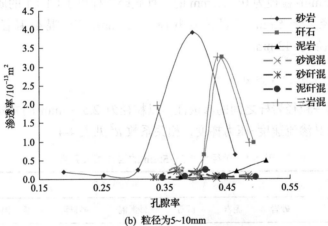

(b) 粒径为5~10mm

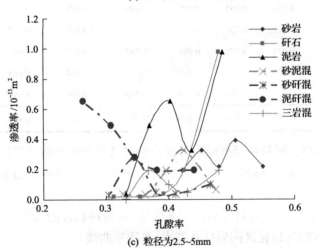

(c) 粒径为2.5~5mm

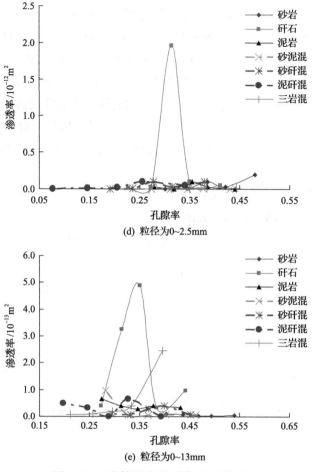

(d) 粒径为0~2.5mm

(e) 粒径为0~13mm

图 4-28　不同粒径的孔隙率-渗透率曲线

在图 4-28 中，破碎岩样处于同种粒径时，两两岩样混合的孔隙率-渗透率曲线呈较为平缓的变化趋势，而三种岩样混合较两两岩样混合的孔隙率-渗透率曲线波动剧烈。

3) 随着孔隙率的增加，三种岩样的渗透率值较混合岩样渗透率值大，且随着孔隙率的增加，单种岩样较混合岩样渗透率变化幅度较大。如图 4-28 中砂岩和矸石的孔隙率-渗透率曲线均较高，且波动较大，但砂岩和矸石混合后的孔隙率-渗透率曲线较低，且变化较为平缓。

4) 相同粒径大小的不同岩性岩样，随着孔隙率的增加，其渗透率变化程度和变化趋势呈现较大差异。在图 4-28 中，当粒径较大(粒径为 10～13mm)时，随着孔隙率的增加，砂岩和矸石的渗透率呈现一定的增长趋势。若孔隙率继续增加，渗透率势必会增长。而其他岩性岩样的渗透率变化较为平缓，且大小相差不大；当粒径为 5～10mm 时，随着孔隙率的增加，砂岩、矸石和三种岩样混合的渗透率变化很大，而其他岩性岩样趋于平缓；当粒径为 2.5～5mm 时，七种岩性岩样的孔隙率-渗透率曲线均有较大波动；当粒径为 0～2.5mm 和级配(0～13mm)时，随着孔隙率的增加，矸石的渗透率变化很大，而其他岩性岩样的渗透率变化平缓。

5)研究单种岩样和混合岩样的非 Darcy 流 β 因子参量。对每种粒径的岩样进行渗透试验，得到如图 4-29 所示的各粒径区间岩样孔隙率-非 Darcy 流 β 因子曲线。

随着孔隙率的增加，各个单种岩样和混合岩样的非 Darcy 流 β 因子虽变化幅度相差较大，但均呈减小趋势。如图 4-29 所示，不同粒径不同岩性单种岩样和混合岩样的孔隙率-非 Darcy 流 β 因子曲线整体呈下降趋势。

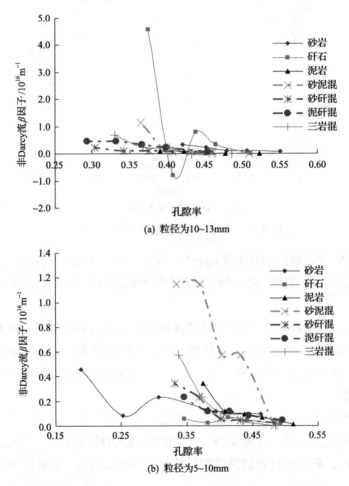

(a) 粒径为10~13mm

(b) 粒径为5~10mm

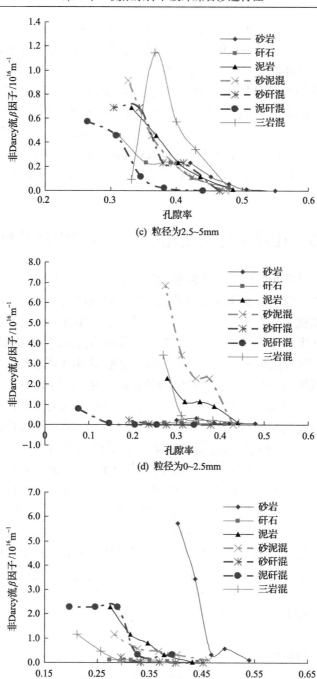

(c) 粒径为2.5~5mm

(d) 粒径为0~2.5mm

(e) 粒径为0~13mm

图 4-29　不同粒径的孔隙率-非 Darcy 流 β 因子曲线

6)由图 4-29(a)和(d)可得，同种粒径下，非 Darcy 流 β 因子出现负值的单种岩样与其他岩性岩样混合后负值现象可能消失；非 Darcy 流 β 因子为负值的单种岩样与其他岩性岩样混合后负值现象可能不会出现。

7)混合岩样与其单种岩样非 Darcy 流 β 因子的大小因粒径不同而不同。当粒径为 10～13mm 时，砂岩和泥岩混合后的非 Darcy 流 β 因子在砂岩和泥岩非 Darcy 流 β 因子之间[图 4-29(a)]；当粒径为 5～10mm 时，砂岩和泥岩混合后的非 Darcy 流 β 因子大于砂岩和泥岩非 Darcy 流 β 因子[图 4-29(b)]；当粒径为 0～13mm 时，砂岩和泥岩混合后的非 Darcy 流因子小于砂岩和泥岩非 Darcy 流 β 因子[图 4-29(e)]。

4.3　孔隙率连续变化的破碎砂岩渗透特性

破碎煤岩体具有相对较大的孔隙率,其渗透率较完整煤岩体高出多个数量级,故采掘过程中因渗流引起的重大灾害事故常发生在破碎岩体中。受矿山压力的持续影响，矿井采掘工作面附近破碎煤岩体孔隙率会产生连续变化。若孔隙率连续减小将会使破碎煤岩体周围地下水或瓦斯等流体压力持续增加,达到临界压力时，将会引发突水或煤与瓦斯突出等灾害。针对此问题，诸多学者进行了破碎煤岩体的孔隙率和周围流体压力与其渗透特性之间的关系研究。缪协兴等[2]、陈占清等[194]通过渗透仪活塞逐级加载，使破碎岩样的孔隙率出现不同的水平，研究各水平下压力梯度与渗流速度之间的关系，拟合了孔隙率与破碎岩样渗透特性参数之间的关系曲线；马占国[133]通过逐级控制渗透仪活塞的轴压，设定压力水平，研究了破碎岩样的渗透特性；李顺才等[178]研究了恒定应力水平下，破碎岩样随时间变形的渗透特性，拟合了破碎岩样的孔隙率-时间曲线。以上文献均采用分级控制方式，不能获取孔隙率连续变化过程中的渗流规律。陈占清等[194]和孙明贵等[141]均采用瞬态法试验，建立了完整岩样压力梯度与渗流速度之间的关系式，并根据等时间间隔采集数据，建立求和式模型求解了岩样渗透特性参数。本节在以上文献研究的基础上，通过轴向位移连续变化的加载方式，实现孔隙率连续变化，采用拟合手段建立破碎岩样渗透流量与时间的关系式，建立积分式模型求解破碎砂岩渗透特性参数，并研究有效应力与渗透率之间的关系。

4.3.1　积分式模型的建立

当破碎岩样粒径和渗透压差一定时，渗透流量随时间变化的规律可用多项式拟合，则渗流速度为

$$v = \frac{Q(t)}{A} \tag{4-42}$$

式中，$Q(t)$ 为渗透流量，m^3/s；A 为岩样横截面积，m^2。

式 (4-42) 对时间求导，可得

$$\frac{dv}{dt} = \frac{dQ(t)}{A dt} \tag{4-43}$$

岩石渗流过程满足 Forcheimer 关系：

$$\rho_1 c_a \frac{dv}{dt} = -G_p - \frac{\mu}{K} v + \rho_1 \beta v^2 \tag{4-44}$$

式中，ρ_1 为渗透液密度；μ 为渗透液的动力黏度；G_p 为压力梯度；c_a 为加速度系数；β 为非 Darcy 流因子，m^{-1}；K 为破碎岩石的渗透率，m^2。

构造如下积分式模型：

$$\varPi = \int_0^{t_f} \left[\rho_1 \beta v^2 - \frac{\mu}{K} v - \rho_1 c_a \frac{dv}{dt} - G_p \right]^2 dt \tag{4-45}$$

其极值条件为

$$\frac{\partial \varPi}{\partial (\rho_1 \beta)} = 0:$$

$$\left(\int_0^{t_f} v^4 dt \right) \rho_1 \beta - \left(\int_0^{t_f} v^3 dt \right) \frac{\mu}{K} - \left(\int_0^{t_f} v^2 \frac{dv}{dt} dt \right) \rho_1 c_a = \int_0^{t_f} v^2 G_p dt \tag{4-46}$$

$$\frac{\partial \varPi}{\partial \left(\dfrac{\mu}{K} \right)} = 0:$$

$$\left(\int_0^{t_f} v^3 dt \right) \rho_1 \beta - \left(\int_0^{t_f} v^2 dt \right) \frac{\mu}{K} - \left(\int_0^{t_f} v \frac{dv}{dt} dt \right) \rho_1 c_a = \int_0^{t_f} v G_p dt \tag{4-47}$$

$$\frac{\partial \varPi}{\partial (\rho_1 c_a)} = 0:$$

$$\left(\int_0^{t_f} v^2 \frac{dv}{dt} dt \right) \rho_1 \beta - \left(\int_0^{t_f} v \frac{dv}{dt} dt \right) \frac{\mu}{K} - \left(\int_0^{t_f} \left(\frac{dv}{dt} \right)^2 dt \right) \rho_1 c_a = \int_0^{t_f} \frac{dv}{dt} G_p dt \tag{4-48}$$

再结合式 (4-46)～式 (4-48) 可以解出 $\rho_1 \beta$、$\dfrac{\mu}{K}$ 和 $\rho_1 c_a$。

4.3.2　孔隙率连续变化渗流试验方法及测试结果

　　试验系统包含渗透仪、液压泵和 DDL600 电子万能试验机(图 4-30)等，试验采用稳态渗透法。

图 4-30　DDL600 电子万能试验机

　　试验用砂岩岩心密度 ρ=2614kg/m³，岩样粒径分别取 0～5mm、5～10mm、10～15mm、15～20mm、20～25mm。渗透液密度 ρ_1=874kg/m³，动力黏度 μ=1.96×10⁻²Pa·s，每种粒径分别完成 5 级渗透压力(1MPa、2MPa、3MPa、4MPa、5MPa)下的渗流试验。试验前，依据渗透仪缸筒的容量称取岩样，放入缸筒中，测出自然盛放状态下岩样的高度 h_0。采用轴向位移连续变化的加载方式，加载速度 v_0 设定为 0.5mm/min，当渗透液渗出流量小于 2L/h 时，停止该组试验。

　　试验过程中，缸筒内破碎砂岩高度 $h=h_0-v_0t$，体积 $V_g=A(h_0-v_0t)$，孔隙率 ϕ 为

$$\phi = \frac{V_g}{V_r} = 1 - \frac{m}{\rho A(h_0 - v_0 t)} \tag{4-49}$$

式中，V_r 为砂岩破碎前体积，m³；A 为破碎岩样的横截面积，m²；m 为破碎砂岩的质量，kg。由式(4-49)可知，试验过程中破碎砂岩孔隙率随时间连续变化。破碎砂岩渗流出口(破碎岩样上端)与大气相通，即 p_2=0，故压力梯度可表示为

$$G_p = -\frac{p_1}{h_0 - v_0 t} \tag{4-50}$$

式 (4-50) 中除了时间 t 在试验过程中为变量，其余都为常量，故通过时间 t 可唯一确定渗流速度 v。同理，由式 (4-44) 和式 (4-50)，时间 t 可分别唯一确定压力梯度 G_p 和 $\dfrac{\mathrm{d}v}{\mathrm{d}t}$。换言之，时间 t 是渗流速度 v、压力梯度 G_p 和 $\dfrac{\mathrm{d}v}{\mathrm{d}t}$ 的中间变量。

试验数据处理时，由于破碎岩样粒径和孔隙压差的不同，每组试验渗流持续的时间不同。运用式 (4-45) 积分式模型处理数据时，各组试验的时间段 t_f 取相同值。时间段 t_f 取持续时间最短试验所耗的时间，各组试验的时间段 t_f 结束时刻对应渗透液渗出流量小于 2L/h 时刻。同时，破碎岩样的初始高度选取时间段 t_f 开始时刻的岩样高度。

在各级渗透压差下，对每种粒径岩样的渗透流量-时间曲线可用多项式拟合，运用 Mathematica 软件编制程序进行多项式拟合。表 4-5 为根据积分式模型分别计算出的五种渗透压差下，五种粒径岩样渗透特性参数。

表 4-5 破碎砂岩渗透特性参数

粒径 /mm	渗透压差 /MPa	流量拟合曲线	相关系数 R^2	非 Darcy 流参数		
				β/m^{-1}	K/m^2	c_a
0~5	1	$Q=-9.30\times10^{-9}t^3+3.16\times10^{-7}t^2-3.49\times10^{-6}t+1.28\times10^{-5}$	0.9911	1.78×10^{14}	1.03×10^{-18}	5.68×10^{14}
	2	$Q=-9.80\times10^{-12}t^3+2.30\times10^{-9}t^2-1.45\times10^{-7}t+1.67\times10^{-5}$	0.8559	2.44×10^{16}	3.14×10^{-19}	4.75×10^{15}
	3	$Q=-2.20\times10^{-11}t^3+3.80\times10^{-9}t^2-2.17\times10^{-7}t+1.90\times10^{-5}$	0.9781	3.90×10^{15}	2.07×10^{-20}	8.40×10^{15}
	4	$Q=-3.5\times10^{-12}t^3+6.00\times10^{-10}t^2-1.92\times10^{-7}t+1.61\times10^{-5}$	0.9668	9.39×10^{15}	1.77×10^{-19}	7.16×10^{15}
	5	$Q=-1.00\times10^{-11}t^3+7.80\times10^{-9}t^2-2.10\times10^{-6}t+2.00\times10^{-4}$	0.9701	6.93×10^{13}	1.34×10^{-18}	1.24×10^{15}
5~10	1	$Q=-3.00\times10^{-10}t^3+2.43\times10^{-8}t^2-7.03\times10^{-7}t+2.31\times10^{-5}$	0.9948	4.49×10^{15}	3.08×10^{-19}	6.97×10^{15}
	2	$Q=-7.60\times10^{-13}t^3+9.00\times10^{-10}t^2-3.70\times10^{-7}t+6.42\times10^{-5}$	0.9703	1.30×10^{15}	1.33×10^{-19}	2.53×10^{16}
	3	$Q=-1.40\times10^{-13}t^3+1.00\times10^{-10}t^2-6.13\times10^{-8}t+4.13\times10^{-5}$	0.9810	8.22×10^{15}	1.44×10^{-18}	5.26×10^{16}
	4	$Q=1.00\times10^{-9}t^3-6.43\times10^{-8}t^2+5.40\times10^{-7}t+1.34\times10^{-5}$	0.9938	3.65×10^{16}	1.46×10^{-19}	4.61×10^{15}
	5	$Q=1.90\times10^{-10}t^3-5.80\times10^{-8}t^2+3.40\times10^{-6}t+1.00\times10^{-4}$	0.8698	1.18×10^{16}	4.55×10^{-19}	4.91×10^{15}
10~15	1	$Q=-3.00\times10^{-11}t^3+4.40\times10^{-9}t^2-2.07\times10^{-7}t+1.91\times10^{-5}$	0.9906	1.84×10^{14}	3.48×10^{-19}	2.97×10^{15}
	2	$Q=-4.00\times10^{-12}t^3-1.10\times10^{-8}t^2+1.16\times10^{-7}t+1.45\times10^{-5}$	0.9978	9.82×10^{14}	2.97×10^{-18}	3.36×10^{15}

续表

粒径/mm	渗透压差/MPa	流量拟合曲线	相关系数 R^2	非Darcy流参数		
				β/m^{-1}	K/m^2	c_a
10~15	3	$Q=-3.90\times10^{-13}t^3+2.00\times10^{-10}t^2-5.33\times10^{-8}t+2.19\times10^{-5}$	0.9835	7.13×10^{15}	1.00×10^{-18}	8.45×10^{15}
	4	$Q=-4.00\times10^{-10}t^3+1.86\times10^{-8}t^2-3.23\times10^{-7}t+1.68\times10^{-5}$	0.9814	5.17×10^{16}	5.11×10^{-19}	5.38×10^{16}
	5	$Q=-5.4\times10^{-13}t^3+3.80\times10^{-10}t^2-8.60\times10^{-8}t+2.20\times10^{-5}$	0.9484	1.64×10^{16}	1.06×10^{-18}	2.00×10^{16}
15~20	1	$Q=8.00\times10^{-13}t^3+1.00\times10^{-10}t^2-1.05\times10^{-7}t+7.68\times10^{-5}$	0.9941	2.25×10^{14}	2.18×10^{-18}	1.25×10^{14}
	2	$Q=-4.6\times10^{-13}t^3+5.00\times10^{-10}t^2-2.03\times10^{-7}t+5.11\times10^{-5}$	0.9797	3.06×10^{14}	1.69×10^{-18}	4.43×10^{15}
	3	$Q=-1.80\times10^{-11}t^3+5.50\times10^{-9}t^2-5.84\times10^{-7}t+3.93\times10^{-5}$	0.9971	2.99×10^{15}	2.67×10^{-19}	7.82×10^{15}
	4	$Q=2.30\times10^{-14}t^3-2.00\times10^{-10}t^2+2.00\times10^{-9}t+1.85\times10^{-5}$	0.9244	6.12×10^{15}	3.93×10^{-18}	2.56×10^{16}
	5	$Q=-1.80\times10^{-12}t^3+1.10\times10^{-9}t^2-2.50\times10^{-7}t+3.80\times10^{-5}$	0.9899	2.32×10^{16}	4.81×10^{-20}	1.08×10^{17}
20~25	1	$Q=-2.00\times10^{-10}t^3+1.57\times10^{-8}t^2-4.62\times10^{-7}t+2.06\times10^{-5}$	0.9943	1.72×10^{16}	4.37×10^{-20}	2.05×10^{16}
	2	$Q=2.00\times10^{-9}t^3-7.70\times10^{-8}t^2+2.99\times10^{-8}t+1.37\times10^{-5}$	0.9974	2.48×10^{16}	2.40×10^{-19}	2.85×10^{16}
	3	$Q=-4.00\times10^{-10}t^3+2.92\times10^{-8}t^2-6.66\times10^{-7}t+2.04\times10^{-5}$	0.9945	4.56×10^{16}	9.44×10^{-20}	9.10×10^{15}
	4	$Q=-1.00\times10^{-10}t^3+1.01\times10^{-8}t^2-2.69\times10^{-7}t+1.72\times10^{-5}$	0.9905	1.75×10^{17}	3.62×10^{-20}	1.34×10^{17}
	5	$Q=3.60\times10^{-13}t^3-6.00\times10^{-10}t^2+2.2\times10^{-7}t+3.30\times10^{-5}$	0.9457	1.12×10^{16}	2.17×10^{-19}	1.80×10^{15}

4.3.3　试验现象与结果分析

1) 当渗透压差调节至 6MPa 时，渗透液大量流出，渗透压差骤然降至 0.5MPa 左右。结束试验，打开渗透仪，可见破碎岩样中心形成了微小通道。说明此时孔隙压力梯度达到临界压力梯度，破碎岩样发生渗流失稳。根据文献[159]，破碎岩样渗流失稳条件为

$$1+\frac{4\beta K^2\rho_0 G_p}{\mu^2}<0 \tag{4-51}$$

式中，ρ_0 为流体的质量密度。

　　为获取临界压力梯度，将式(4-51)转化为

$$G_p > \frac{\mu^2}{4(-\beta)K^2\rho_0} \tag{4-52}$$

取 $G_p^* = \dfrac{\mu^2}{4(-\beta)K^2\rho_0}$ 为临界压力梯度。

破碎岩样的孔隙压力梯度是否达到临界压力梯度可作为判断突水或煤与瓦斯突出危险性的指标。

为获得破碎岩样的临界压力梯度值，可通过多组试验，先确定破碎岩样对应的初始压力梯度和最终压力梯度，使临界压力梯度处于这两个压力梯度之间，再采用本试验方法进行试验。据式 (4-52)，压力梯度随时间变化而增加，故可在试验过程中获得破碎岩样渗流失稳时的临界压力梯度值。

2) 缸筒内，渗透岩样的重力和孔隙压力呈线性分布，由奥地利太沙基有效应力原理可得

$$\sigma_e = \frac{F}{A} + \frac{mgz}{Ah} + \frac{\Delta pz}{h} \tag{4-53}$$

式中，F 为活塞所施压力，N；A 为渗透岩样的横截面积，m^2；z 为截面至渗透岩样上端面距离，m；Δp 为渗透压差，Pa。

试验取渗透岩样的平均有效应力，则式 (4-53) 变换为

$$\sigma_e = \frac{F}{A} + \frac{mg}{2A} + \frac{\Delta p}{2} \tag{4-54}$$

以粒径为 0~5mm 的破碎砂岩为例，用多项式拟合其有效应力和渗流速度，见表 4-6。

表 4-6　有效应力–渗流速度曲线的拟合关系

渗透压差/MPa	拟合关系	相关系数 R^2
1	$v=-4.3\times10^{-40}\sigma_e^6+2.2\times10^{-33}\sigma_e^5-3.2\times10^{-27}\sigma_e^4-5.3\times10^{-21}\sigma_e^3$ $+2.9\times10^{-14}\sigma_e^2-2.7\times10^{-8}\sigma_e^1+0.01$	0.9794
2	$v=3.5\times10^{-37}\sigma_e^6-7.7\times10^{-31}\sigma_e^5+7.2\times10^{-25}\sigma_e^4-3.7\times10^{-19}\sigma_e^3$ $+4.4\times10^{-14}\sigma_e^2-6.1\times10^{-9}\sigma_e^1+0.21$	0.9868
3	$v=8.6\times10^{-35}\sigma_e^6-5.3\times10^{-28}\sigma_e^5+1.1\times10^{-21}\sigma_e^4-2.6\times10^{-15}\sigma_e^3$ $+1.5\times10^{-9}\sigma_e^2-5.1\times10^{-4}\sigma_e^1+78.52$	0.9652
4	$v=1.6\times10^{-33}\sigma_e^6-1.2\times10^{-26}\sigma_e^5+5.1\times10^{-20}\sigma_e^4-9.5\times10^{-14}\sigma_e^3$ $+9.5\times10^{-8}\sigma_e^2-0.05\sigma_e^1+12.47$	0.9749
5	$v=7.6\times10^{-35}\sigma_e^6-8.3\times10^{-28}\sigma_e^5+4.7\times10^{-21}\sigma_e^4-1.3\times10^{-14}\sigma_e^3$ $+2.7\times10^{-8}\sigma_e^2-0.01\sigma_e^1+47.85$	0.9757

由表 4-6 可知，六次多项式很好地满足了有效应力和渗流速度的关系，故可

将有效应力和渗流速度关系用多项式拟合为

$$v = a_0\sigma_e^6 + a_1\sigma_e^5 + a_2\sigma_e^4 + a_3\sigma_e^3 + a_4\sigma_e^2 + a_5\sigma_e^1 + b \quad (4\text{-}55)$$

由 Darcy 定律知

$$Q = \frac{KA\Delta p}{\mu\Delta L} \quad (4\text{-}56)$$

将式(4-56)代入式(4-37)得

$$v = \frac{K\Delta p}{\mu\Delta L} \quad (4\text{-}57)$$

联立式(4-55)和式(4-57)，可得有效应力与渗透率的关系式：

$$\frac{K\Delta P}{\mu\Delta L} = a_0\sigma_e^6 + a_1\sigma_e^5 + a_2\sigma_e^4 + a_3\sigma_e^3 + a_4\sigma_e^2 + a_5\sigma_e^1 + b \quad (4\text{-}58)$$

将式(4-51)代入式(4-58)得

$$K = \frac{(a_0\sigma_e^6 + a_1\sigma_e^5 + a_2\sigma_e^4 + a_3\sigma_e^3 + a_4\sigma_e^2 + a_5\sigma_e^1 + b)\mu\Delta LA}{2A\sigma_e - 2F - mg} \quad (4\text{-}59)$$

式中，系数 a_0、a_1、a_2、a_3、a_4、a_5、b 由岩样本身属性(岩样岩性、粒径等)决定，可通过多组试验确定，故可通过有效应力 σ_e 直接估计渗透率 K，矿井技术人员可依据此规律计算岩层的渗水情况。

3)由表 4-2 可绘制非 Darcy 流 β 因子与渗透压差的关系曲线,如图 4-31 所示。

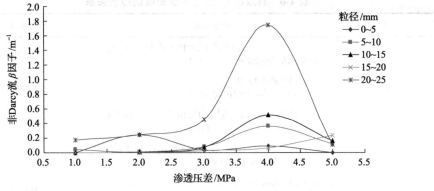

图 4-31　非 Darcy 流 β 因子-渗透压差曲线

由图 4-31 可知，在孔隙率连续变化过程中，随着渗透压差的增大，非 Darcy

流 β 因子先增大后减小。根据文献[151]，发生渗流失稳的必要条件是非 Darcy 流 β 因子为负值，非 Darcy 流 β 因子-渗透压差曲线出现减小趋势符合渗透压差达到临界渗透压差后出现渗流失稳的情况。五种粒径岩样均在渗透压差达到 4MPa 左右，非 Darcy 流 β 因子-渗透压差曲线出现波峰，岩样粒径越大，曲线波峰越大。呈现此现象是因为在渗透压差达到 4MPa 左右时，破碎砂岩的渗透开始向管流转型，将出现渗透失稳现象。

4）由表 4-2 可绘制渗透率 K 与渗透压差的关系曲线，如图 4-32 所示。

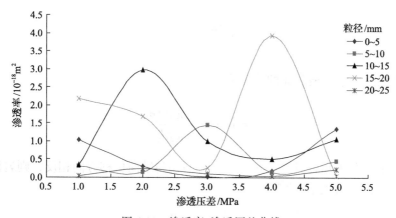

图 4-32　渗透率-渗透压差曲线

由图 4-32 可知，随着渗透压差的增大，渗透率 K 变化幅度越大，且大粒径岩样较小粒径岩样渗透率-渗透压差曲线波动幅度大。呈现此现象是因为在试验过程中，岩样的孔隙结构发生了变化，破碎岩样棱角的破坏造成了孔隙通道贯通的复杂性和不确定性。

原因具体分析如下：

假设渗透仪内毛细管中流动的是牛顿流体，根据牛顿内摩擦定律，可推导出作用在单根毛细管壁上的黏滞力(摩擦力)为

$$f = -\mu A \frac{\mathrm{d}v}{\mathrm{d}r} = -2\pi \mu r h_e \frac{\mathrm{d}v}{\mathrm{d}r} \tag{4-60}$$

式中，h_e 为毛细管的长度，m。

毛细管所受到的外力为

$$F_r = \pi r^2 \Delta p \tag{4-61}$$

毛细管中流体匀速流动，则由受力平衡得

$$f = F_r \tag{4-62}$$

即

$$v = -\frac{\Delta p}{4\mu h_e}r^2 + c \tag{4-63}$$

由边界条件: 当 $r=r_0$ 时, $v=0$, 其中 r_0 为毛细管的半径。可推出 $c = \frac{\Delta p r_0^2}{4\mu h_e}$。

则

$$v = \frac{\Delta p(r_0^2 - r^2)}{4\mu h_e} \tag{4-64}$$

可得通过毛细管横截面的流量为

$$q = \int_0^{r_0} v\mathrm{d}A = \frac{\pi r_0^4 \Delta p}{8\mu h_e} \tag{4-65}$$

因流量 q 为矢量, 且试验过程中其方向均与轴向位移方向相反, 则岩样横截面 A 上的总流量可表示为[230]

$$Q = Nq - \frac{\pi N r_0^4 \Delta p}{8\mu h_e} \tag{4-66}$$

式中, N 为渗透仪横截面 A 上毛细管总个数。

由有效孔隙率定义得

$$\phi_1 = \frac{N\pi r_0^2 h_e}{Ah} \tag{4-67}$$

将式(4-56)代入式(4-65), 并积分得

$$Q = \frac{\phi_1^2 A^2 k^3 \Delta p}{8\pi N\mu h} \tag{4-68}$$

式中, k 为迂曲度, $k = \frac{h}{h_e}$。

由式(4-67)可知, 当渗透压差 Δp 增大时, 随着有效孔隙率、迂曲度、岩样高度和毛细管总个数的变化, 流量 Q 变化幅度增大, 最终导致渗透率-渗透压差曲线波动幅度增大; 在试验加载过程中, 大粒径岩样较小粒径岩样的棱角更易发生摩擦和挤压等破坏, 有效孔隙率、迂曲度和毛细管总个数等因素更易发生较大变

化，故其渗透率 K 波动较大。

5）由表 4-2 可绘制加速度系数 c_a 与渗透压差的关系曲线，如图 4-33 所示。

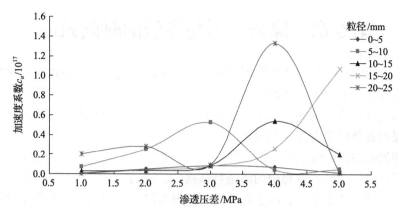

图 4-33 加速度系数-渗透压差曲线

由图 4-33 可知，随着渗透压差的增大，加速度系数 c_a 整体上呈先增大后减小趋势。结合图 4-31 和图 4-33，发现五种不同粒径岩样的非 Darcy 流 β 因子和加速度系数 c_a 随着渗透压差的增大呈较为相似的变化趋势。

第5章 煤岩变形与渗流的时间效应

采掘过程中破碎煤岩体的变形引起其孔隙率的变化，从而导致渗透性发生改变，与此同时，破碎煤岩体的孔隙率和渗透性的改变反过来会影响其蠕变参数的大小，当破碎煤岩体的变形与渗流演化到一定程度，将加剧围岩结构失稳，引发突水或煤与瓦斯突出灾害。李顺才等[159,178]采用 MTS815.02 电液伺服岩石力学系统及破碎岩石渗透特性试验系统，分别对粒径为 10～15mm 的饱和破碎砂岩和散体矸石进行了恒载变形过程中的渗透特性测试，得到了各级应力水平下渗流稳定时破碎岩石的渗透参量，获取了破碎岩石变形与渗流之间相互影响的试验结果，但并未考虑不同粒径配比、有效应力及蠕变过程对破碎煤岩体渗透参量的影响。本章采用恒载加压试验系统，在前人研究的基础上，通过分级加载的方式，对不同粒径的破碎砂岩和矸石进行变形与渗流试验，探究有效应力与恒载变形对破碎砂岩孔隙率、蠕变参数、渗透参量的影响，为矿井突水灾害的防治提供试验依据。

5.1 分级加载下破碎砂岩渗流试验

5.1.1 试验原理及方法

破碎岩样的渗透试验通常采用稳态渗透法，加载方式主要包括轴向位移控制法和轴向应力控制法两种。采用轴向位移控制法来控制加载，是因为岩石散体是一种介于固体和液体之间的散粒体材料，轴向位移的变化必会引起散体孔隙率的变化，改变轴向位移可测定不同孔隙率下破碎岩样的渗透特性。采用轴向应力控制法来控制加载，是因为破碎岩体往往承受较高的轴压，改变轴向应力可测定破碎岩样不同应力水平下的渗透特性，且采用轴向应力控制法，可获取破碎岩样在时效性变形过程中的渗透特性。因此，试验拟选取恒定荷载约束的方法，研究破碎岩样变形与渗流特性。

试验渗透液质量密度 $\rho=874\text{kg/m}^3$，动力黏度 $\mu=1.96\times10^{-2}\text{Pa}\cdot\text{s}$。轴向加载系统施加逐级递增的 5 级轴向荷载(中间不卸载)。每级轴向荷载下设定 4 级渗透压：0.5MPa、1.0MPa、1.5MPa、2.0MPa。具体采用如下试验方法：

恒载加压下变形初期渗流，即在每一级轴向荷载加载完毕并保持恒定后，开启液压泵按照设定的 4 级渗透压对岩样进行渗流。变形初期渗流结束后，继续恒载变形至预先设定的保持时间，然后开始恒载加压下变形后期渗流，当渗流再次结束后，接着下一级轴向荷载的加载、变形初期渗流及变形后期渗流，直至完成

5 级轴向荷载作用下的变形与渗流，结束试验。最终完成砂岩 1～砂岩 10 共计十组岩样的渗透试验。根据文献[178]设置各级轴向荷载、加载时间、应力水平及恒载加压保持时间，见表 5-1。

表 5-1　各级轴向荷载及恒载加压保持时间

级别	轴向荷载/kN	应力水平/MPa	加载时间/s	恒载加压保持时间/min
1	20	2.55	40	30
2	50	6.37	120	60
3	100	12.74	120	90
4	200	25.48	120	120
5	300	38.22	120	120

试验前称取质量为 800g 的砂岩 1，将其装入渗透仪内，得到试验所需的渗透装置。调节电子万能试验机下压头，使其与渗透仪的活塞充分接触。按照上述试验方法，进行分级加载下不同粒径配比的破碎砂岩的渗透试验。其中，试验机下压头的下压时间 t、轴向荷载 F、轴向位移 Δh 均由计算机采集系统记录并保存。各级渗透压下，通过岩样的流量 Q 由无纸记录仪记录，渗流速度 v 由通过岩样的流量 Q 计算得到。

孔隙率是描述破碎岩石物理、力学、渗流等特性的重要参数。因此，研究破碎岩体变形过程中孔隙率的变化规律具有重要的工程价值。岩样任意时刻的孔隙率按下式计算：

$$\phi = 1 - \frac{m}{\rho_1 A(h - \Delta h)} \tag{5-1}$$

式中，m 为缸筒内岩样的质量，kg；h 为岩样的初始高度，m；ρ_1 为岩心的密度，kg/m^3；Δh 为采集的轴向位移，m；A 为缸筒的横截面积，m^2。

有效应力能较好地反映渗流过程中缸筒内岩样的受力情况。根据太沙基有效应力原理，缸筒内岩样的有效应力 σ_e 可表示为[147]

$$\sigma_e = \frac{F}{A} + \frac{mg}{2A} + \frac{\Delta p}{2} \tag{5-2}$$

式中，F 为试验机下压头施加的轴向力，N；Δp 为岩样两端的渗透压差，Pa；且 $\Delta p = p_2 - p_1$，p_1、p_2 分别为渗流入口端及出口端相对于大气的孔隙压力，试验中的渗流出口(破碎岩样上端面)与大气相通，故 $p_2 = 0$。

5.1.2　试样制备及试验设备

试验岩样取自陕西某煤矿，经鉴定为砂岩。该矿水文地质条件非常复杂，煤层顶底板岩性以砂岩居多，且煤层底板存在富水异常区域，在回采时，煤层顶底板遭到破坏，局部区域顶底板较为破碎，存在突水的可能性。经计算得到砂岩岩心密度 $\rho_1=2548\text{kg/m}^3$，试验前将砂岩破碎，利用分选筛分离不同粒径的破碎砂岩，得到 $0\sim5\text{mm}$、$5\sim10\text{mm}$、$10\sim15\text{mm}$、$15\sim20\text{mm}$、$20\sim25\text{mm}$ 五种粒径的岩样，如图 5-1 所示。为了解最大干密度与粒径级配的关系及其对破碎砂岩变形过程中渗透特性的影响，试验中破碎砂岩粒径配比采用连续级配理论，即运用 Talbol 公式[154]，对五种不同粒径的破碎砂岩进行配比。

图 5-1 五种粒径的破碎岩样

为得到较为详尽的试验结果，试验时选取连续的级配系数，即 Talbol 幂指数 n 可任意取值。本章中取 Talbol 幂指数 n 为 0.1、0.2、0.3、0.4、0.5、0.6、0.7、0.8、0.9、1.0 进行配比，得到 10 组试样，记为砂岩 1～砂岩 10。

试验系统由 DDL600 电子万能试验机、渗透仪、液压泵及计算机采集系统等组成，恒载加压渗透试验系统如图 5-2 所示。

图 5-2 恒载加压渗透试验系统

5.1.3　试验结果及分析

通过不同粒径配比共完成了 10 组破碎砂岩恒载作用下的渗透试验,试验过程中测得了轴向荷载、轴向位移、渗透压及渗流量等数据,计算得到孔隙率、渗流速度、有效应力及渗透参量等。下面具体分析配比、孔隙率及有效应力对破碎砂岩渗透性的影响。

1) 每级轴向荷载作用下,由式(5-1)可得岩样任意时刻的孔隙率 ϕ。以 Talbol 幂指数 n=0.1、0.3、0.4、0.8 的破碎砂岩为例,建立各级轴向荷载加载阶段及保持阶段孔隙率 ϕ 与时间 t 的关系曲线,如图 5-3 所示。

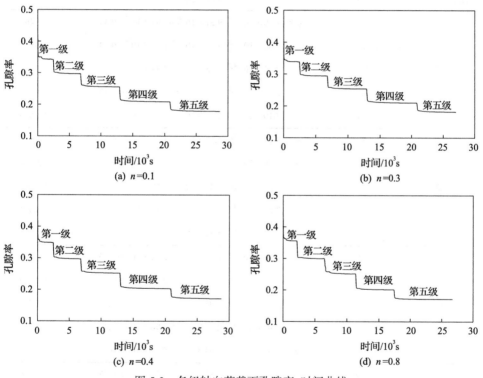

图 5-3　各级轴向荷载下孔隙率-时间曲线

由图 5-3 可知,各级轴向荷载作用下,缸筒内岩样的变形表现为孔隙率的减小,且各级孔隙率随时间 t 的变化规律较为相似。孔隙率的变化规律主要分为两个阶段:第一阶段为孔隙率急剧减小阶段,即恒载变形阶段。此阶段轴向荷载加载时间很短,而岩样孔隙率减小幅度较大。这是因为此阶段缸筒内破碎颗粒之间以脆性破坏为主,表现为大粒径岩样棱角的大量破碎,并伴有颗粒的分解细化及局部的结构调整。随着轴向荷载的增加,粒径较大的岩样破碎程度越大,但由于预先设定的轴向荷载有限,分解细化的破碎颗粒不可能充分填充岩样内部的孔隙、间隙，孔隙率的变化也只能停留在一个相对平稳的水平。第二阶段为孔隙率缓慢减小阶段，即蠕变变形阶段。此阶段由于轴向荷载保持恒定，孔隙率随时间的增加而缓慢减小。这是由于此时缸筒内岩样已经历了第一阶段的变形，但骨架应力的重新分布使得部分颗粒发生少量的破碎与细化，孔隙结构得到进一步调整，此阶段宏观上表现为破碎岩样的缓慢变形。

2)恒载变形阶段，缸筒内岩样孔隙率 ϕ 与时间 t 曲线(图 5-3)可用多项式进行拟合，表 5-2 给出了其相应的拟合关系和相关系数。

表 5-2　孔隙率–时间曲线拟合关系

Talbol 幂指数	荷载级别	拟合关系	相关系数
0.1	第一级	$\phi = -1.70\times10^{-12}t^3 + 9.51\times10^{-9}t^2 - 1.81\times10^{-5}t + 0.35$	0.9468
	第二级	$\phi = -2.00\times10^{-13}t^3 + 3.28\times10^{-9}t^2 - 1.81\times10^{-5}t + 0.33$	0.9839
	第三级	$\phi = -9.41\times10^{-14}t^3 + 3.05\times10^{-9}t^2 - 3.29\times10^{-5}t + 0.37$	0.9722
	第四级	$\phi = -3.63\times10^{-14}t^3 + 1.97\times10^{-9}t^2 - 3.57\times10^{-5}t + 0.43$	0.9648
	第五级	$\phi = -3.10\times10^{-14}t^3 + 2.45\times10^{-9}t^2 - 6.47\times10^{-5}t + 0.75$	0.9686
0.3	第一级	$\phi = -2.29\times10^{-12}t^3 + 1.12\times10^{-8}t^2 - 1.78\times10^{-5}t + 0.35$	0.9641
	第二级	$\phi = -2.30\times10^{-13}t^3 + 3.70\times10^{-9}t^2 - 1.97\times10^{-5}t + 0.33$	0.9754
	第三级	$\phi = -7.54\times10^{-14}t^3 + 2.47\times10^{-9}t^2 - 2.69\times10^{-5}t + 0.35$	0.9747
	第四级	$\phi = -3.89\times10^{-14}t^3 + 2.12\times10^{-9}t^2 - 3.85\times10^{-5}t + 0.44$	0.9694
	第五级	$\phi = -7.38\times10^{-14}t^3 + 5.51\times10^{-9}t^2 - 1.37\times10^{-4}t + 1.32$	0.9702
0.4	第一级	$\phi = -3.90\times10^{-12}t^3 + 1.79\times10^{-8}t^2 - 2.61\times10^{-5}t + 0.36$	0.9401
	第二级	$\phi = -2.41\times10^{-13}t^3 + 3.90\times10^{-9}t^2 - 2.11\times10^{-5}t + 0.34$	0.9834
	第三级	$\phi = -9.01\times10^{-14}t^3 + 2.93\times10^{-9}t^2 - 3.17\times10^{-5}t + 0.37$	0.9759
	第四级	$\phi = -4.03\times10^{-14}t^3 + 2.19\times10^{-9}t^2 - 3.96\times10^{-5}t + 0.44$	0.9656
	第五级	$\phi = -3.38\times10^{-14}t^3 + 2.64\times10^{-9}t^2 - 6.89\times10^{-5}t + 0.77$	0.9693
0.8	第一级	$\phi = -4.03\times10^{-12}t^3 + 1.84\times10^{-8}t^2 - 2.75\times10^{-5}t + 0.37$	0.9716
	第二级	$\phi = -1.60\times10^{-14}t^3 + 1.63\times10^{-10}t^2 - 3.46\times10^{-6}t + 0.31$	0.9707
	第三级	$\phi = -4.85\times10^{-13}t^3 + 1.40\times10^{-8}t^2 - 1.34\times10^{-4}t + 0.68$	0.8153
	第四级	$\phi = -7.85\times10^{-14}t^3 + 3.62\times10^{-9}t^2 - 5.57\times10^{-5}t + 0.49$	0.9702
	第五级	$\phi = -1.74\times10^{-14}t^3 + 1.23\times10^{-9}t^2 - 2.88\times10^{-5}t + 0.40$	0.9172

由表 5-2 可知，恒载变形阶段，岩样的孔隙率与时间的多项式拟合较好。孔隙特性是决定破碎岩样蠕变特性的最基本要素，随着时间的增加，破碎岩样极易

产生失稳导致重大工程事故发生。因此，获取恒载变形阶段破碎岩样孔隙率随时间的变化规律具有重要意义。

3) 由试验过程可知，缸筒内岩样经历了变形初期渗流与变形后期渗流。在各级轴向荷载作用下，岩样变形初期渗流速度相比变形后期渗流速度减小了一部分，且轴向荷载卸载后减小的渗流速度不可恢复，因为在恒载变形阶段缸筒内破碎颗粒发生了弹塑性变形，其变形的不可恢复性表现为渗流速度的不可恢复。为度量恒载变形阶段破碎岩样的渗流速度减小程度，定义描述渗流速度减小程度的参数 D_v，其表示岩样变形初期与变形后期渗流速度的差值与变形初期渗流速度的比值，即

$$D_v = \frac{v_0 - v_a}{v_0} \tag{5-3}$$

式中，v_0 为岩样变形初期渗流速度，m/s，v_a 为岩样变形后期渗流速度，m/s。

以 Talbol 幂指数 $n=0.6$ 的岩样为例，建立各级轴向荷载作用下有效应力 σ_e 与参数 D_v 的关系曲线，如图 5-4 所示。

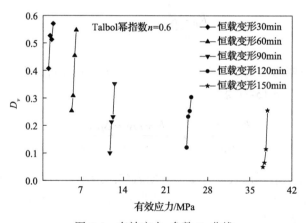

图 5-4　有效应力-参数 D_v 曲线

根据图 5-4 可得，轴向荷载从第一级增加至第五级，缸筒内岩样受到的有效应力增大。随着有效应力与恒载变形时间的增加，参数 D_v 呈减小趋势。在不同有效应力的作用下，恒载变形对岩样渗流速度的影响程度不同，即在低有效应力作用下，恒载变形对岩样渗流速度影响程度较大，而随着有效应力的增加，恒载变形对岩样渗流速度影响程度减小。这是因为随着有效应力的增大，岩样轴向变形随之增大，其内部的孔隙越密实，恒载变形阶段使得岩样孔隙率减小的程度较小，而孔隙率是决定破碎岩样渗透特性的最基本要素[159]，因此随着有效应力的增加，恒载变形对岩样渗流速度影响程度减小。此外，在各级轴向荷载下，随着有效应力的增大，参数 D_v 近似呈线性增长，将各级轴向荷载下的有效应力与参数 D_v 用

线性拟合，其拟合关系可用下式表示：

$$D_v = a\sigma_e + b \tag{5-4}$$

式中，a、b 为与轴向荷载级数有关的拟合参数。

由 Darcy 定律得

$$v = \frac{K\Delta p}{\mu \Delta L} \tag{5-5}$$

式中，ΔL 为长度；Δp 为压差。

由式(5-3)和式(5-4)得

$$\frac{v_0 - v_a}{v_0} = a\sigma_e + b \tag{5-6}$$

将式(5-5)代入式(5-6)中得

$$\frac{K_0 - K_a}{K_0} = a\sigma_e + b \tag{5-7}$$

式中，K_0 为岩样变形初期渗透率，m^2；K_a 为岩样变形后期渗透率，m^2。

再由式(5-2)与式(5-7)得

$$\frac{K_0 - K_a}{K_0} = a\left(\frac{2F + mg + \Delta pA}{2A}\right) + b \tag{5-8}$$

式(5-8)等号左边项代表恒载变形阶段岩样渗透率减小程度，同样地，定义描述渗透率减小程度的参数 D_K 表示岩样变形初期与变形后期渗透率的差值与变形初期渗透率的比值，即

$$D_K = \frac{K_0 - K_a}{K_0} \tag{5-9}$$

则式(5-8)转化为

$$D_K = a\left(\frac{2F + mg + \Delta pA}{2A}\right) + b \tag{5-10}$$

参数 a、b 可通过多组试验得到。根据式(5-10)，通过有效应力 σ_e 直接估算参数 D_K，矿井技术人员可依据围岩应力估算破碎带的渗水情况。

4)由上述试验方法可知，破碎岩样经历了恒载变形阶段后，其内部的孔隙结

构相对稳定,渗流时破碎岩样变形趋于稳定。由渗流稳定时岩样的高度和渗流入口的孔隙压力稳定值,可得岩样两端的孔隙压力梯度 G_p。通过对试验数据的处理,发现渗流稳定时岩样孔隙压力梯度 G_p 与渗流速度 v 更符合非线性关系,即破碎岩样渗流为非线性渗流。孔隙压力梯度 G_p 与渗流速度 v 用二次多项式进行拟合,可得破碎岩样变形后期渗流的渗透参量[231],见表 5-3。

表 5-3　破碎砂岩渗透特性参数

Talbol 幂指数 n	孔隙率 ϕ	渗透率 K/m^2	非 Darcy 流 β 因子/m^{-1}	Talbol 幂指数 n	孔隙率 ϕ	渗透率 K/m^2	非 Darcy 流 β 因子/m^{-1}
	0.3420	1.21×10^{-12}	-7.72×10^{10}		0.3392	3.45×10^{-12}	2.49×10^{10}
	0.2968	8.60×10^{-14}	-1.05×10^{11}		0.2799	2.44×10^{-13}	3.27×10^{11}
0.1	0.2554	4.35×10^{-14}	8.35×10^{12}	0.6	0.2277	6.49×10^{-13}	1.35×10^{13}
	0.2087	7.78×10^{-15}	3.76×10^{14}		0.1718	1.34×10^{-14}	2.12×10^{14}
	0.1791	2.60×10^{-15}	5.50×10^{15}		0.1369	7.66×10^{-15}	1.07×10^{15}
	0.3459	1.65×10^{-12}	-2.64×10^{10}		0.3395	2.09×10^{-12}	8.57×10^{10}
	0.3019	3.94×10^{-13}	5.26×10^{10}		0.2863	1.99×10^{-13}	4.63×10^{12}
0.2	0.2622	6.85×10^{-14}	1.92×10^{12}	0.7	0.2371	5.96×10^{-14}	1.11×10^{14}
	0.2182	1.58×10^{-14}	2.04×10^{14}		0.1840	3.99×10^{-15}	2.64×10^{14}
	0.1908	5.82×10^{-15}	1.20×10^{15}		0.1502	9.47×10^{-15}	4.10×10^{15}
	0.3385	1.57×10^{-12}	-1.29×10^{10}		0.3555	1.96×10^{-12}	6.63×10^{10}
	0.2939	6.90×10^{-13}	-4.63×10^{10}		0.2993	2.25×10^{-13}	1.76×10^{15}
0.3	0.2536	2.48×10^{-14}	4.54×10^{11}	0.8	0.2516	1.52×10^{-15}	1.93×10^{15}
	0.2099	8.38×10^{-16}	2.53×10^{15}		0.2009	3.19×10^{-15}	2.40×10^{15}
	0.1823	2.19×10^{-16}	5.22×10^{15}		0.1721	5.51×10^{-16}	-7.57×10^{14}
	0.3480	1.01×10^{-12}	1.08×10^{10}		0.3554	3.62×10^{-12}	1.21×10^{10}
	0.2970	6.20×10^{-13}	2.35×10^{11}		0.2926	1.01×10^{-13}	2.99×10^{11}
0.4	0.2523	6.21×10^{-14}	4.82×10^{12}	0.9	0.2387	2.35×10^{-14}	4.81×10^{13}
	0.2030	8.03×10^{-15}	1.48×10^{14}		0.1829	7.87×10^{-15}	1.22×10^{15}
	0.1715	2.72×10^{-15}	4.98×10^{15}		0.1486	3.11×10^{-15}	-5.04×10^{14}
	0.3565	6.22×10^{-13}	3.32×10^{10}		0.3735	7.01×10^{-12}	1.47×10^{10}
	0.3125	5.65×10^{-14}	4.31×10^{14}		0.3084	7.90×10^{-13}	1.43×10^{11}
0.5	0.2723	4.14×10^{-16}	3.98×10^{15}	1.0	0.2553	1.66×10^{-13}	5.25×10^{12}
	0.2287	5.31×10^{-16}	3.32×10^{15}		0.1998	5.17×10^{-14}	1.98×10^{14}
	0.1996	2.19×10^{-16}	6.64×10^{15}		0.1642	6.64×10^{-15}	-3.95×10^{14}

将表 5-3 中的渗透率 K 与非 Darcy 流 β 因子分别建立关于孔隙率 ϕ 的曲线,

如图 5-5 和图 5-6 所示。

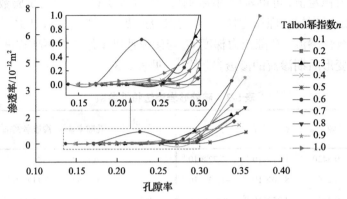

图 5-5　渗透率-孔隙率曲线

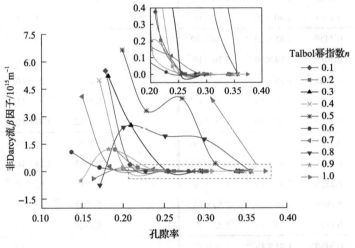

图 5-6　非 Darcy 流 β 因子-孔隙率曲线

在图 5-5 中，随孔隙率的减小，Talbol 幂指数 n 从 0.1～1.0 的 10 组破碎岩样渗透率 K 总体呈减小趋势，且孔隙率较大（大于 0.30 左右）时，渗透率 K 减小幅度较快，孔隙率较小（小于 0.30 左右）时，渗透率 K 减小的幅度趋于平缓。这是因为孔隙率较大时，岩样轴向变形较小，其内部贯通率较大，通过岩样的流量 Q 变化幅度较大，岩样渗透率 K 变化较快；孔隙率较小时，岩样轴向变形较大，其内部孔隙结构相对密实，故渗透率 K 的变化较平缓。此外，按照 Talbol 公式配比的岩样，随幂指数 n 变化，岩样渗透率 K 存在差异。10 组岩样渗透率 K 量级为 $10^{-16}\sim$ 10^{-12}m^2，其中，$n=0.5$ 时，岩样渗透率 K 最小；$n=1.0$ 时，岩样渗透率 K 最大。传统级配理论认为，矿质混合料级配幂指数 n 为 0.45～0.5，密实度最大[232]，由此可知幂指数 n 为 0.5 的破碎岩样内部密实度最大，渗流时阻力较大，故其渗透率 K

最小。幂指数 n 为 1.0 时，即现有文献中提到的级配粒径，文献中认为级配粒径下岩样渗透率 K 较小，而本章通过试验得到此级配粒径下岩样渗透率 K 大于 Talbol 幂指数 $n=0.1\sim0.9$ 的岩样渗透率。

由图 5-6 可知，10 组破碎岩样的非 Darcy 流 β 因子绝对值的量级为 $10^{10}\sim10^{15}\mathrm{m}^{-1}$。随着孔隙率的减小，非 Darcy 流 β 因子的绝对值呈增大趋势。不同 Talbol 幂指数下的破碎岩样，非 Darcy 流 β 因子有较大差别。幂指数 $n=0.5$ 的岩样非 Darcy 流 β 因子较大，$n=1.0$ 的岩样非 Darcy 流 β 因子整体较小。因为岩样渗流过程中呈现非 Darcy 流特性，且岩样内部密实度越大，即孔隙率越小时，渗流特性呈现非 Darcy 流特性相比孔隙率较大的岩样更加明显[147]。此外，分析表 5-3 中的数据和图 5-6 曲线可知，在第一级或第二级轴向荷载作用下，幂指数 $n=0.1$、0.2、0.3 的岩样非 Darcy 流 β 因子出现负值；幂指数 $n=0.8$、0.9、1.0 的岩样，在第五级轴向荷载作用下，非 Darcy 流 β 因子同样出现负值。非 Darcy 流 β 因子的值有正负两种可能，且破碎岩样颗粒细化程度越高，非 Darcy 流 β 因子越容易出现负值。

5.2　破碎矸石分级加载蠕变过程中的渗流试验

5.2.1　试验方案及过程

破碎矸石分级加载蠕变过程中的渗透试验采用恒载加压渗透试验系统 (图 5-2)，试验矸石岩心密度为 2072kg/m³。试验时将破碎矸石按不同粒径分级，利用分选筛选出五种不同粒径岩样，其粒径分别为 0～5mm、5～10mm、10～15mm、15～20mm、20～25mm。按照缸筒体积，设定每组岩样质量为 800g。

试验采用分级加载方式，共设定五级应力，每级应力水平下设定 4 级渗透压 (0.5MPa、1.0MPa、1.5MPa、2.0MPa)进行渗流。试验步骤如下：

每一级轴向应力加载完毕后，先恒载变形至预先设定的保持时间，开启液压泵完成破碎矸石 4 级依次递增的渗透压下的渗流，并记录试验数据。渗流结束后，紧接着下一级的加载、恒载变形、渗流，直至完成 5 级应力水平下的蠕变过程中的渗流，结束试验。最终完成 5 种粒径破碎矸石蠕变过程中的渗流试验。根据文献[178]设置轴向荷载、应力水平、加载时间及恒载加压保持时间，如表 5-4 所示。

表 5-4　各级轴向荷载及保持时间

级别	轴向荷载/kN	应力水平/MPa	加载时间/s	恒载加压保持时间/min
1	20	2.55	40	30
2	50	6.37	120	60
3	100	12.74	120	90
4	200	25.48	120	120
5	300	38.22	120	180

　　按照试验步骤，先将 0～5mm 粒径的岩样装入缸筒内进行密封，然后置于试验台上并调整试验机的压头，使压头正对并紧密接触活塞。按照计算机预先设定的程序进行试验，试验机的采样频率为 1Hz，记录并保存 5 级荷载下岩样的轴向位移 Δh、下压时间 t 及轴向荷载 F。利用无纸记录仪记录并保存每一级恒载阶段 4 级渗透压下的渗流量 Q，通过渗流量 Q 可计算出每一级渗透压下的渗流速度 v。试验过程中破碎矸石的孔隙率 ϕ 同样由式(5-1)计算得到。

5.2.2　各级应力水平下的孔隙率时间历程分析

　　破碎矸石在恒载阶段发生缓慢变形，颗粒排列方式也发生相应变化，即固体颗粒的空间排列和孔隙分布发生相应变化。可以说，孔隙结构的缓慢变化导致蠕变，蠕变反过来引起孔隙结构的变化。因此对于破碎岩体，孔隙率是综合反映其蠕变特性的一个物理量。现有文献中，一般只得到了每一级应力水平下轴向应变的蠕变时间历程曲线，尚未直接给出蠕变过程中孔隙率的变化规律。本章完成了五种不同粒径的破碎矸石蠕变过程中的渗流试验(每一级应力水平下先蠕变后渗流)。在每一级应力水平下根据所采集的荷载加载及保持阶段的轴向位移 Δh，按式(5-1)计算各时刻的孔隙率，绘制各级应力水平加载及保持阶段孔隙率的时间历程曲线，如图 5-7 所示。

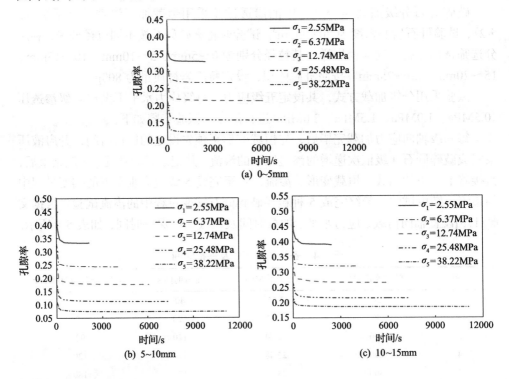

(a) 0～5mm

(b) 5～10mm　　　　　　　　　　(c) 10～15mm

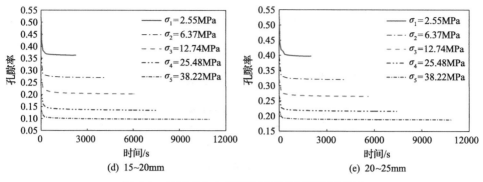

图 5-7　各级应力水平的孔隙率的时间历程曲线

由图 5-7 可知，随着应力的增大，同一应力水平下不同粒径岩样的孔隙率大小差异逐渐减小。五种粒径岩样在每一级应力加载终点时，岩样的变形比初始加载阶段的弹性变形大 2%～13%，且呈减小趋势。加载阶段，孔隙率急剧减小，主要是岩样轴向变形增大，颗粒排列方式发生了相应变化，并伴随着颗粒棱角的大量破碎，以及部分颗粒的分解、细化等。这些大小颗粒间的相互充填改变了岩样原有的密实度，随着轴压的增大，颗粒的破碎程度加大，孔隙充填的进程也迅速加快，但加载力有限岩样孔隙充填不可能很充分。恒载初期，破碎岩样的骨架应力重新调整，伴随着少量粗大颗粒棱角的进一步破碎、细化等。在外力作用下，这些破碎细化颗粒总是向能够移动的薄弱空间移动，使岩样孔隙结构发生局部调整，岩样密实度缓慢增加，颗粒发生塑性变形，宏观上表现为破碎矸石的缓慢变形，即蠕变。恒载阶段，随着时间的延长，颗粒间相互调整逐渐停止，渗流时流过岩样的渗流量趋于稳定值。

5.2.3　破碎矸石蠕变模型及其参数确定

关于岩体蠕变特性的研究，主要有理论模型和经验理论两种途径[233]。采用理论模型是为了把复杂的岩石蠕变用较直观的方法表示出来，为数值分析提供方便。对于破碎矸石而言，蠕变模型种类较多，因此需要对试验曲线作简单分析才能引用符合试验的蠕变理论模型。通过对试验数据的处理，得到不同粒径岩样在各级应力水平下的时间-应变曲线。试样经过加载、恒载阶段后，应变变化率逐渐趋于零，其加载过程中，岩样出现了弹性变形。因此，选用的模型既要反映蠕变规律，又要反映瞬时的弹性性质。通过模型筛选 Kelvin-Volgt 模型基本符合条件，以应力水平为 38.22MPa 为例，利用 MATLAB 软件对 Kelvin-Volgt 模型进行模拟得到拟合曲线，结果如图 5-8 所示。

由图 5-8 可知，Kelvin-Volgt 模型和试验曲线吻合较好。通过计算得到 Kelvin-Volgt 模型相关系数 R^2 最大可达 0.9838，说明 Kelvin-Volgt 模型拟合的结果能够较好地反映试验结果。通过对其他不同应力水平下的试验曲线和拟合曲线进行对比，

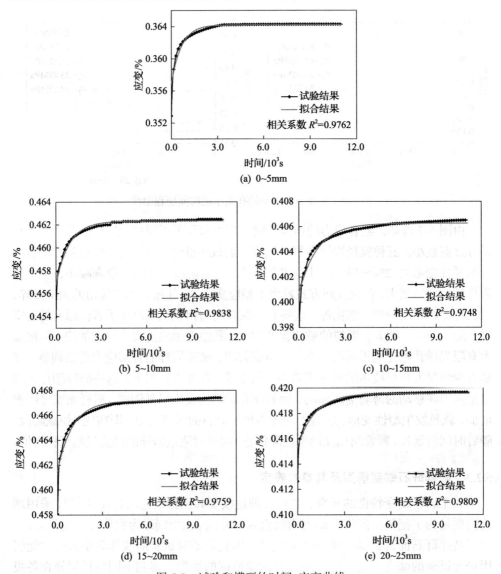

图 5-8 试验和模型的时间-应变曲线

发现也基本吻合，这充分说明 Kelvin-Volgt 模型能够较为准确地反映破碎矸石蠕变的真实情况。因此，可利用 Kelvin-Volgt 模型来确定破碎矸石的蠕变参数，用于研究破碎矸石的蠕变变化规律。

其中，Kelvin-Volgt 模型的本构方程为

$$\varepsilon(t)=\left[\frac{1}{E_0}+\frac{1}{E_1}\left(1-\exp\left(-\frac{E_1}{\eta_1}t\right)\right)\right]\sigma \tag{5-11}$$

式中，E_0 为瞬时弹性模量；E_1 为极限蠕变变形模量[234]；η_1 为黏性系数。

利用最小二乘法[235]计算得到不同粒径破碎矸石的蠕变参数 E_0、E_1 及 η_1，如表 5-5 所示。

表 5-5   破碎矸石各级应力水平下的蠕变参数及渗透特性参数

粒径/mm	应力水平/MPa	E_0/MPa	E_1/MPa	η_1/MPa·h	孔隙率 ϕ	渗透率 K/m²	非 Darcy 流 β 因子/m⁻¹
	2.55	18.52	84.34	3.88	0.3270	9.12×10^{-12}	2.65×10^{11}
	6.37	28.31	476.75	71.41	0.2662	1.43×10^{-13}	3.97×10^{11}
0~5	12.74	46.01	1052.60	185.80	0.2133	1.81×10^{-14}	3.52×10^{14}
	25.48	77.60	2792.80	517.00	0.1563	2.81×10^{-13}	-6.16×10^{14}
	38.22	107.20	5067.10	853.40	0.1210	1.35×10^{-12}	-2.19×10^{15}
	2.55	14.57	32.58	1.16	0.3328	1.92×10^{-11}	1.11×10^{11}
	6.37	19.16	649.02	122.72	0.2424	2.22×10^{-12}	4.76×10^{12}
5~10	12.74	33.62	779.87	129.81	0.1755	1.99×10^{-14}	9.22×10^{13}
	25.48	59.40	2429.20	480.80	0.1114	8.21×10^{-13}	8.66×10^{14}
	38.22	83.70	6908.80	1702.10	0.0741	1.56×10^{-15}	-1.18×10^{15}
	2.55	17.46	43.40	2.52	0.3904	1.16×10^{-11}	2.77×10^{11}
	6.37	22.84	595.30	125.80	0.3195	3.98×10^{-14}	6.25×10^{12}
10~15	12.74	39.28	734.90	159.62	0.2652	3.72×10^{-12}	7.68×10^{14}
	25.48	68.10	2503.90	443.30	0.2145	2.51×10^{-15}	8.22×10^{14}
	38.22	95.20	7213.70	3304.40	0.1865	2.65×10^{-15}	2.03×10^{15}
	2.55	14.16	39.25	1.14	0.3641	3.08×10^{-11}	6.89×10^{11}
	6.37	19.29	549.34	86.34	0.2703	1.38×10^{-12}	1.12×10^{12}
15~20	12.74	33.40	820.52	134.81	0.2028	6.33×10^{-12}	7.16×10^{13}
	25.48	58.90	2243.40	410.60	0.1359	7.11×10^{-13}	2.15×10^{14}
	38.22	82.70	7042.50	2670.6	0.0991	2.37×10^{-15}	2.27×10^{15}
	2.55	15.72	45.84	2.13	0.3975	2.52×10^{-11}	3.28×10^{11}
	6.37	21.61	554.21	78.29	0.3202	1.70×10^{-12}	9.60×10^{11}
20~25	12.74	36.50	1388.50	293.30	0.2652	1.78×10^{-13}	2.61×10^{12}
	25.48	64.90	4365.60	1212.90	0.2168	9.67×10^{-12}	1.17×10^{15}
	38.22	92.01	9363.40	3568.80	0.1886	8.81×10^{-13}	2.52×10^{15}

破碎岩样经过一段时间的蠕变后，其孔隙结构相对稳定，渗流速度也相对稳定。通过对试验数据的处理，发现破碎矸石蠕变过程中的渗流更符合非线性渗流。因此，将压力梯度 G_p 和渗流速度 v 进行二次多项式的拟合，最终得到了破碎岩样渗透率 K 和非 Darcy 流 β 因子，即渗透特性参数，如表 5-5 所示。

5.2.4 蠕变及渗透参数变化规律分析

由表 5-5 的蠕变参数可建立各级应力水平 σ 与瞬时弹性模量 E_0、极限蠕变变

形模量 E_1、黏性系数 η_1 的曲线，如图 5-9～图 5-11 所示。

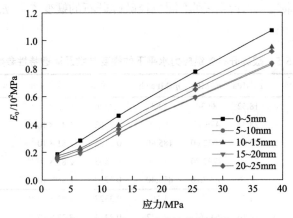

图 5-9　应力-瞬时弹性模量曲线

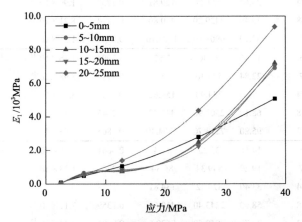

图 5-10　应力-极限蠕变变形模量曲线

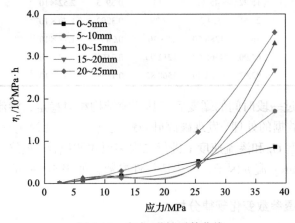

图 5-11　应力-黏性系数曲线

由图 5-9 可知，不同粒径岩样的蠕变参数 E_0 均随应力的增大呈近似线性增长关系。当应力小于 10MPa 时，不同粒径破碎矸石的 σ-E_0 曲线均出现较小波动，主要是因为随着应力水平的提高，颗粒间的间隙逐渐减小，颗粒为克服摩擦阻力而产生了滑动和滚动，使颗粒移动到一个相对平衡的位置；当应力大于 10MPa 时，不同粒径岩样的蠕变参数 E_0 随应力的增大呈线性关系，这是因为随着应力的增大，岩样颗粒在侧限条件下颗粒间的接触面积加大，与滞留在岩样中的渗透液黏结逐渐形成块状，最终散体特征基本消失，在压缩过程中呈现出类似于完整岩体的弹性特征。同一应力水平下，与其他粒径矸石相比小粒径矸石的蠕变参数 E_0 更大，原因是粒径小的破碎矸石比面大，颗粒间相互接触空隙小，压缩过程中板结效应明显，并且与其他试样相比其轴向压缩变形最小。

由图 5-10 可知，不同粒径岩样的蠕变参数 E_1 随着应力的变化均呈非线性增长关系。恒载阶段，岩样体积缓慢减小最终趋于一个稳定值，这是因为缸筒内岩样颗粒发生了塑性变形，其变形不可恢复。在侧限条件下，随着应力水平的进一步提高，岩样颗粒之间的咬合力加大、密实度增大，其抗变形能力增强，说明破碎岩样随着应力水平的提高而发生黏结、硬化。其中，5~10mm、10~15mm 和 15~20mm 粒径矸石的蠕变参数曲线差异性较小，这是因为同一应力水平下随着时间的推移，岩样颗粒破碎的程度较接近。粒径为 20~25mm 的破碎矸石与其他粒径矸石相比其蠕变参数 E_1 较大，这是因为试样在恒载过程中，矸石颗粒进一步破碎程度大且孔隙结构局部调整明显，与其他粒径岩样相比其轴向变形量大。

由图 5-11 可知，随着应力水平的提高，不同粒径岩样的蠕变参数 η_1 呈非线性增长关系，黏性系数 η_1 越大表明变形空间越小。当应力小于 10MPa 时，蠕变参数 η_1 的增长速率较为平缓，主要是岩样颗粒处于大部分松散和少部分黏结状态，其孔隙贯通率较大，渗流过程中渗流阻力较小；当应力大于 10MPa 时，蠕变参数 η_1 变化速率加大，原因是随着应力的增加，岩样颗粒间的摩擦力、密实度均增大，孔隙通道的横截面积逐渐减小，而流过孔隙通道的渗透液与其孔壁的相对接触面积逐渐增大。粒径为 20~25mm 的破碎矸石与其他粒径岩样相比其蠕变参数 η_1 较大，原因是随着应力水平的提高，大粒径矸石级配发生明显改变，其孔道发生复杂变化，试验结束后，大粒径岩样高度略大于其他岩样高度，渗流时大粒径岩样渗流量较大，而流量的大小与孔隙数、孔道半径有关。

由表 5-5 的渗透特性参数分别建立孔隙率 ϕ 与渗透率 K、非 Darcy 流 β 因子的曲线，如图 5-12 和图 5-13 所示。

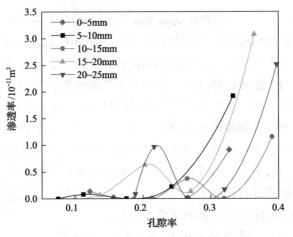

图 5-12　孔隙率-渗透率曲线

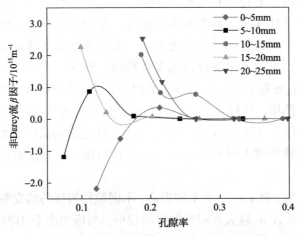

图 5-13　孔隙率-非 Darcy 流 β 因子曲线

由图 5-12 可知，随着孔隙率的减小，不同粒径矸石的渗透率总体在减小。当孔隙率大于 0.2 时，破碎岩样的渗透特性曲线波动较大，这是因为随着孔压的增大，岩样颗粒内部大部分孔隙、裂隙及颗粒间间隙逐渐减小或闭合，同时也产生了一些新裂隙或微小裂隙，并进一步扩展与贯穿。渗流过程中，一些细小颗粒或一些可溶性物质溶解后被渗透液冲走，颗粒间的连接力减弱使孔隙略微变大，渗透率 K 出现增大现象。当孔隙率小于 0.2 时，破碎矸石间的空隙已经基本被充填稳定，轴压再增大，粒径对渗透率的影响不再明显，可以从图 5-12 看出岩样渗透率 K 的变化率基本趋于零。五种不同粒径岩样渗透率的量级在 $10^{-15} \sim 10^{-11}\,\mathrm{m}^2$，其中粒径为 $0 \sim 5\mathrm{mm}$ 的破碎矸石的渗透率 K 总体小于其他岩样的渗透率，并且趋势平缓，说明同一应力水平下渗透率 K 与颗粒的排列方式有关。综上所述，渗透率

K 不仅与外荷载、粒径大小有关，还与颗粒的排列方式及孔隙结构有关。

由图 5-13 可知，五种不同粒径岩样的非 Darcy 流 β 因子的绝对值量级在 $10^{11} \sim 10^{15} \mathrm{m}^{-1}$。随着孔隙率的减小，非 Darcy 流 β 因子绝对值呈增大趋势，且非 Darcy 流 β 因子因粒径不同而呈现出较大的差异。当孔隙率大于 0.25 左右时，非 Darcy 流 β 因子变化较为平缓，这是因为岩样颗粒相对松散，孔隙贯通率较大，轴向变形较小，渗流过程中渗流量较大，粒径对非 Darcy 流 β 因子影响不明显。当孔隙率小于 0.25 时，非 Darcy 现象更加明显，这是因为随着孔隙率的变化，颗粒的不断调整造成了孔隙通道的不确定性和复杂性[144]以及孔隙连通性的减弱，因此渗流过程中非 Darcy 流 β 因子曲线出现大幅度变化。其中，0~5mm 和 5~10mm 的破碎矸石，在第四级或第五级应力水平下均出现非 Darcy 流 β 因子为负值的现象。

5.3　破碎煤岩体渗透参量与孔隙率的关系

破碎煤岩体的渗透特性由其内部的孔隙结构决定，因此破碎煤岩体的孔隙率与渗透特性具有一定的关系。由 5.2 节的试验结果可知，破碎煤岩体的渗透特性参量(渗透率 K 与非 Darcy 流 β 因子)与孔隙率之间可用幂指数函数表示[154]:

$$K = K_r \left(\frac{\phi}{\phi_r} \right)^{m_K} \tag{5-12}$$

$$\beta = \beta_r \left(\frac{\phi}{\phi_r} \right)^{-m_\beta} \tag{5-13}$$

式中，ϕ_r 为对应于试验破碎岩样样本初始孔隙率的孔隙率参考值；K_r 和 β_r 分别为孔隙率 ϕ_r 下的渗透率与非 Darcy 流 β 因子；m_K 和 m_β 分别为反映渗透率与非 Darcy 流 β 因子随孔隙率变化快慢的系数。

第6章 三轴应力状态下煤岩渗透特性

随着煤炭开采深度的不断增加，在高地应力和高水头作用下，越来越多的矿井将面临严峻的突水问题[236]。因渗流失稳引起的重大灾害事故常发生在破碎岩体中[159]，因此目前关于破碎岩体中水或瓦斯等流体的渗流问题逐渐成为学者研究的热点之一。

国内外学者对破碎岩体的渗透特性进行了大量研究并取得了丰硕的成果。但目前针对峰后岩石在围压作用下的渗透性研究较多，由于密封方面的困难，关于承压破碎岩石的渗流试验研究大都在侧限条件下完成，即承压破碎岩石渗流过程中的侧向依靠固定边界提供约束。在地下工程中具有承载能力的破碎岩石往往处于三向应力状态，承受较高的轴压、围压及孔隙压力，且在采动影响下此类岩体承压并作为水、瓦斯气体等主要的流通路径。因此，对于承压破碎岩石在三轴应力作用下的渗透测试，尤其是围压可调的三轴渗流测试或模拟手段还相当缺乏。针对此问题，本章在上述文献的基础上，首次运用自主研发的破碎岩石三轴渗流试验系统，进行承压破碎砂岩围压可调的三轴渗流试验，探究不同围压、不同渗透压力、不同加载位移条件下承压破碎砂岩的渗透特性。

6.1 试验系统及试验方案

6.1.1 试验系统

试验系统的构成和组装详见 3.6.1 节和 3.6.2 节。

6.1.2 试验方案

为研究破碎砂岩在不同围压和孔隙压力作用下的渗透特性，本章设计一种试验方案来完成破碎砂岩和破碎煤样的渗透试验。试验方案(图 6-1)考虑破碎岩体的运动及围压作用将会导致其渗透特性的变化，先施加轴向位移改变破碎砂岩和破碎煤样的孔隙结构，再加载围压，待围压保持恒定后，开启渗透压加载系统，调节渗透压力进行破碎砂岩和破碎煤样的渗流测试。

破碎岩石的渗流试验一般采用稳态渗透法。加载方式为轴向位移控制法，这是因为破碎岩石是一种介于固体和液体之间的散体材料，在外力作用下发生变形时，破碎岩石颗粒间的排列方式发生相应的变化，进而引起孔隙分布发生相应的变化。破碎岩石孔隙结构的变化必然会引起其渗透特性的变化。因此，破碎岩石

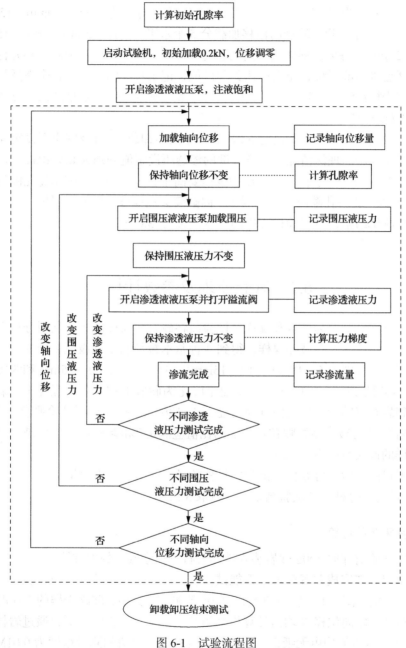

图 6-1 试验流程图

的孔隙率是决定其渗透特性的一个重要参数。而改变轴向位移可测定破碎岩石不同孔隙率下的渗透特性。因此本章采用位移控制法，通过控制破碎岩样孔隙率的变化来获取岩样渗透特性的变化规律。

　　破碎砂岩试验中的轴向位移加载分 4 个水平，分别为 5mm、10mm、15mm、20mm，破碎煤样试验中的轴向位移加载分 5 个水平，分别为 5mm、10mm、15mm、20mm、25mm。每级位移加载时间设置为 60s。在每施加一级轴向位移并保持恒定后，开启围压液系统，使围压达到预设值，记录每级围压下，各个渗透压等级下的破碎岩样渗流量。其中，试验中所用的渗透液体为液压油 DTE22，该渗透液密度 $\rho=874kg/m^3$，动力黏度 $\mu=1.96 \times 10^{-2} Pa \cdot s$。

　　每一级轴向位移水平下设定 5 级围压(中间不卸载)，每级围压下设定 4 级渗透压，根据煤层的埋深情况，试样底部的渗透压设定值分别为 0.5MPa、1.0MPa、1.5MPa、2.0MPa。一般情况下，试验围压要高于孔隙压力，且围压比孔隙压力大 0.2～0.5MPa。如果孔隙压力高于围压，内缸筒会被撑破。根据煤层埋深和现场采动压力的测试结果，将试验过程中的围压设置为 3MPa、4MPa、5MPa、6MPa、7MPa 五个等级。

6.2　试验原理及参数计算

　　试验试样经鉴定为砂岩和煤样。试验前将砂岩和煤样破碎，利用分选筛分离不同粒径的破碎砂岩和破碎煤样，得到 4 种基本粒径和 1 种级配粒径的破碎砂岩和破碎煤样，分别为 5～10mm、10～15mm、15～20mm、20～25mm 和级配粒径(4 种基本粒径按质量比 1 : 1 : 1 : 1 配比)，记为砂岩 1～砂岩 5，煤样 1～煤样 5。由于破碎岩石三轴渗透仪的内缸筒内径 D 为 126mm，按照岩石试验要求，试验中内缸筒内径 D 与破碎砂岩颗粒直径 d 的比值应满足 $D/d>5$，故试验中破碎砂岩和破碎煤样的最大粒径为 25mm。

　　为了提高试验的可靠性，试验中每种粒径岩样试验样本数量均为 3 个，共完成 30 组试验。每种粒径试验结果的分析取 3 次样本测试结果的平均值。

6.2.1　孔隙率的计算

　　每次试验前称取 400g 砂岩装入破碎岩石三轴渗透仪的内缸筒中，按照上述方法将渗透仪组装完成并置于电子万能试验机上，使渗透仪的活塞与试验机下压头充分接触。根据图 6-1，进行破碎砂岩的渗流测试。其中，破碎岩样的下压时间 t、轴向荷载 F、轴向位移 S 均由计算机采集系统记录。各级围压下，通过岩样的流量 Q 与孔隙压力值均由无纸记录仪记录，且孔隙压力值的测量精度为 0.01MPa。

　　试验前测出内缸筒中自然堆放状态下破碎岩样的初始高度 h_0，则初始孔隙率 ϕ_0 为

$$\phi_0 = 1 - \frac{m}{\rho_1 \pi r_0^2 h_0}$$ (6-1)

式中，m 为装入内缸筒的岩样质量，kg；ρ_1 为岩心密度，kg/m³；r_0 为渗透仪内缸筒的初始半径，m；h_0 为破碎岩样初始高度，m。

试验过程中轴向位移的变化引起缸筒内破碎岩样轴向的变形，而围压的变化会引起破碎岩样径向的变形。因此，渗透仪内缸筒中破碎岩样的孔隙率是由轴向位移和围压共同决定的。每级轴向位移及不同围压下破碎岩样的孔隙率为

$$\phi = \frac{V_0' - V_0}{V_0'} \tag{6-2}$$

式中，V_0' 为轴向位移与围压共同作用下内缸筒中破碎岩样的体积，m³；V_0 为岩样破碎前的体积，m³，$V_0 = m/\rho_1$。

试验过程中，当试验机的加载压头与渗透仪活塞充分接触后，开启渗透液液压泵对破碎岩样进行充分饱和。待轴向位移加载至预定值并保持恒定后，此时开启围压液液压泵加载围压。围压的作用使得内缸筒中岩样体积减小，减小的体积为渗透液的排出体积 ΔV_i。ΔV_i 由渗透液出口处的量筒记录。

$$V_0' = \pi r_0^2 (h_0 - S) - \sum_{i=1}^{5} \Delta V_i \tag{6-3}$$

式中，S 为轴向位移，m；ΔV_i 为每级围压作用下渗透液的排出体积，m³；i 为围压级数，如 $i=1$ 代表第一级围压，即围压为 3MPa。

将式(6-3)代入式(6-2)中，可得每级轴向位移及围压共同作用下破碎岩样的孔隙率。

$$\phi = \frac{\pi r_0^2 (h_0 - S) - \sum\limits_{i=1}^{5} \Delta V_i - V_0}{\pi r_0^2 (h_0 - S) - \sum\limits_{i=1}^{5} \Delta V_i} \quad (i=1,2,3,4,5) \tag{6-4}$$

围压作用下内缸筒变形使岩样渗流截面积减小，渗流过程中截面积 A 计算如下：

$$A = \pi r_0^2 - \frac{\sum\limits_{i=1}^{5} \Delta V_i}{h_0 - S} \quad (i=1,2,3,4,5) \tag{6-5}$$

各级渗透压下的渗流速度可由单位时间内流经破碎岩样的体积流量 Q 计算：

$$v = \frac{Q}{\pi r_0^2 - \dfrac{\sum\limits_{i=1}^{5} \Delta V_i}{h_0 - S}} \quad (i=1,2,3,4,5) \tag{6-6}$$

破碎岩样渗流稳定时，孔隙压力沿渗流方向线性下降，孔压梯度为

$$\frac{\partial p}{\partial x} = -\frac{p_1 - p_2}{h_0 - S} \tag{6-7}$$

式中，p_1、p_2 分别为渗流入口端及出口端相对于大气的孔隙压力，MPa。试验中的渗流出口(破碎岩样上端面)与大气相通，故 $p_2=0$。

6.2.2　有效应力的计算

有效应力能较好地反映渗流过程中缸筒内岩样的受力情况。根据太沙基有效应力原理，三维情况下可写为[237]

$$\sigma'_{ij} = \sigma_{ij} - p\delta_{ij} \tag{6-8}$$

式中，σ'_{ij} 为有效应力张量；σ_{ij} 为总应力张量；p 为平均孔隙压，且 $p = (p_1 + p_2)/2$；δ_{ij} 为 Kronecker 符号。其中，$\delta_{ij} = \begin{cases} 1 & i = j \\ 0 & i \neq j \end{cases}$。

将式(6-8)改写为

$$\begin{cases} \sigma'_{xx} = \sigma_{xx} - p \\ \sigma'_{yy} = \sigma_{yy} - p \\ \sigma'_{zz} = \sigma_{zz} - p \end{cases} \tag{6-9}$$

式中，$\sigma_{xx} = \sigma_{yy}$ 为环向应力，即试验中加载的围压 σ_3，MPa；σ_{zz} 为轴向应力，也可用 σ_1 表示，且 $\sigma_{zz} = \sigma_1 = F/A$，MPa。

试验的有效应力采用平均有效应力来描述，即

$$\sigma_e = \frac{1}{3}(\sigma'_{xx} + \sigma'_{yy} + \sigma'_{zz}) \tag{6-10}$$

将式(6-9)代入式(6-10)，且 $p_2=0$，可得破碎岩样三轴应力下的平均有效应力为

$$\sigma_e = \frac{1}{3}(2\sigma_{xx} + \sigma_{zz}) - \frac{1}{2}(p_1 + p_2) = \frac{1}{3}(2\sigma_3 + \sigma_1) - \frac{1}{2}p_1 \tag{6-11}$$

式中，σ_3 为试验围压，MPa；σ_1 为轴向应力，MPa；p_1 为渗流入口端相对于大气的孔隙压力，即试验中的渗透压。

6.3　破碎砂岩试验结果及分析

6.3.1　有效应力与渗流速度的关系

由式(6-6)和式(6-11)可得试验过程中缸筒内岩样的渗流速度与有效应力。本章以 5~10mm 粒径的破碎砂岩为例,建立围压作用下有效应力与渗流速度的关系曲线, 如图 6-2 所示。

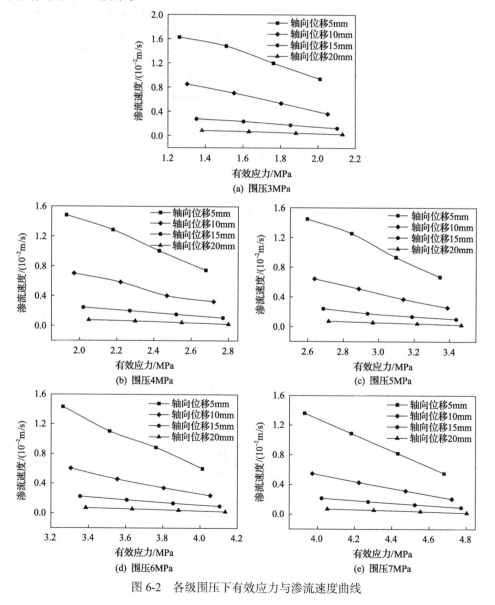

图 6-2　各级围压下有效应力与渗流速度曲线

从图 6-2 中可以看出，试验中随着有效应力的增大，缸筒内岩样的渗流速度呈线性减小趋势。这是由于内缸筒中的破碎砂岩存在较多的孔裂隙，当有效应力增大时，这些孔裂隙逐渐压密闭合，使得渗流通道发生阻塞，进而导致破碎砂岩渗流速度减小。试验结果表明，有效应力与渗流速度之间存在明显的线性关系，基于多次试验结果，探讨两者之间具有明显线性关系的原因，具体如下：

试验中的渗透液体属于牛顿流体，渗流稳定时，假设缸筒内破碎砂岩的孔隙由 N 根长度为 L 半径为 r_1 的毛细管构成，即渗流管路为等径的毛细管，如图 6-3 所示。（当然，该假设与实际情况有些差别，但作为一种规律性的探讨，该假设是必要的，且是可行的。）

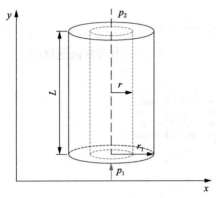

图 6-3　单个毛细管模型示意图

如图 6-3 所示，取长度为 L 半径为 r 的圆柱形小体元，作用在小体元上的黏滞力 F_s 与驱动力 F_p 分别为

$$F_s = 2\pi r L \tau \tag{6-12}$$

$$F_p = (p_1 - p_2)\pi r^2 \tag{6-13}$$

式中，τ 为切应力；p_1、p_2 与式 (6-7) 中的含义相同，故式 (6-13) 化为

$$F_p = p_1 \pi r^2 \tag{6-14}$$

当渗流稳定时，黏滞力与驱动力相等，即

$$p_1 \pi r^2 = 2\pi r L \tau \tag{6-15}$$

由式 (6-15) 并联立牛顿内摩擦定律得

$$\frac{p_1 r}{2L} = -\mu \frac{\mathrm{d}u}{\mathrm{d}r} \tag{6-16}$$

分离变量后积分得

$$u(r) = -\frac{p_1 r^2}{4\mu L} + c \tag{6-17}$$

由边界条件可知，当 $r=0$ 时，毛细管中心处的渗流速度最大，当 $r=r_1$ 时，毛细管壁处的渗流速度为零，可得：$c = \dfrac{p_1}{4\mu L} r_1^2$

由式(6-17)可得任一半径为 r 的小体元中的速度分布为

$$u(r) = \frac{p_1(r_1^2 - r^2)}{4\mu L} \tag{6-18}$$

积分后可得任一半径为 r_1 的毛细管的总流量为

$$q = 2\pi \int_0^{r_1} u(r)r\mathrm{d}r = \frac{\pi r_1^4 p_1}{8\mu L} \tag{6-19}$$

由式(6-19)可得毛细管中的平均流速，即假设破碎砂岩的渗流速度为

$$v = \frac{q}{\pi r_1^2} = \frac{r_1^2 p_1}{8\mu L} \tag{6-20}$$

由式(6-11)和式(6-20)得有效应力与渗流速度之间的关系：

$$v = -M\sigma_e + N \tag{6-21}$$

式中，$M = \dfrac{r_1^2}{4\mu L}$，$N = \dfrac{r_1^2(2\sigma_3 + \sigma_1)}{12\mu L}$，在同一围压同一轴向位移下，$M$ 和 N 均为定值，即系数 M、N 均为常数。

因此，式(6-21)理论上建立了有效应力与渗流速度之间的关系，且两者之间为线性关系。这与试验得到的两者之间的关系基本吻合，故缸筒内破碎砂岩的渗流速度随有效应力的增大呈线性减小趋势。

此外，轴向位移越小渗流速度减小的幅度越大，反之，渗流速度减小的幅度越小。主要是因为内缸筒中岩样的轴向位移越小意味着其受到的轴向应力越小，即孔裂隙压密程度较小，此时随着有效应力的增大，破碎砂岩渗流速度减小的幅度越大。相反地，轴向位移较大时，渗流通道进一步收缩变化，此时随着有效应力的增大，破碎砂岩渗流速度减小的幅度越小。

6.3.2 孔压梯度与渗流速度的关系

随着渗透压的改变，破碎砂岩的渗流速度与孔压梯度随之改变，选取三种粒径的破碎砂岩并以轴向位移 5mm、围压 3MPa 为例，在平面直角坐标系中绘制 $\partial p/\partial x$-v 散点图及拟合曲线，如图 6-4 所示。

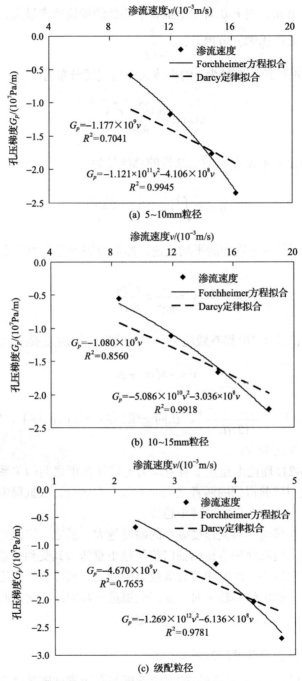

图 6-4　孔压梯度与渗流速度拟合曲线

图 6-4 给出了轴向位移 5mm、围压 3MPa 时三种粒径破碎砂岩的孔压梯度与

渗流速度的拟合曲线及相关系数。由图可知，三轴应力作用下破碎砂岩渗流服从 Forchheimer 关系，而不符合 Darcy 定律。处理其他各组数据可以发现，孔压梯度稳定值与渗流速度按 Forchheimer 方程拟合，相关系数可达 0.95 以上，而按 Darcy 定律拟合，相关系数只有 0.70～0.89。因此，三轴应力作用下破碎砂岩的渗流表现为非 Darcy 渗流的现象更为显著。此外，从图中可以看出，破碎砂岩粒径对其渗流特性具有一定的影响，级配粒径与 5～10mm 粒径的破碎砂岩渗流过程中偏离 Darcy 定律的现象更加显著，这是因为粒径较小即破碎砂岩密实度较大时，其渗流过程中受到的阻力相应增大，进而使得破碎砂岩的非 Darcy 渗流现象更加明显。

以部分粒径的破碎砂岩为例，根据渗流速度 v 及其孔压梯度稳定值 $\partial p/\partial x$，在平面直角坐标系上绘制散点图，通过 $\partial p/\partial x$-v 曲线的回归分析，可得三轴应力作用下破碎砂岩的渗透特性参量(渗透率 K 与非 Darcy 流 β 因子)，见表 6-1～表 6-3。

表 6-1　5～10mm 破碎砂岩渗透特性参数

轴向位移/mm	围压/MPa	孔隙率 ϕ	渗透率 K/m^2	非 Darcy 流 β 因子/m^{-1}
	3	0.33272	4.77×10^{-11}	1.28×10^{8}
	4	0.33077	3.80×10^{-11}	1.30×10^{8}
5	5	0.32880	2.97×10^{-11}	1.32×10^{8}
	6	0.32650	2.61×10^{-11}	7.48×10^{7}
	7	0.32484	2.40×10^{-11}	1.59×10^{8}
	3	0.31268	1.91×10^{-11}	2.60×10^{8}
	4	0.31061	1.06×10^{-11}	2.46×10^{8}
10	5	0.30853	8.22×10^{-12}	3.31×10^{8}
	6	0.30643	6.58×10^{-12}	3.15×10^{8}
	7	0.30502	5.30×10^{-12}	4.10×10^{8}
	3	0.27645	7.13×10^{-12}	2.81×10^{9}
	4	0.27416	4.25×10^{-12}	2.78×10^{9}
15	5	0.27223	3.05×10^{-12}	2.46×10^{9}
	6	0.27030	2.95×10^{-12}	3.28×10^{9}
	7	0.26913	2.23×10^{-12}	3.64×10^{9}
	3	0.23235	7.37×10^{-13}	9.18×10^{9}
	4	0.22976	7.27×10^{-13}	1.38×10^{10}
20	5	0.22716	6.77×10^{-13}	1.44×10^{10}
	6	0.22454	6.29×10^{-13}	1.47×10^{10}
	7	0.22190	5.94×10^{-13}	1.14×10^{10}

表 6-2　10～15mm 破碎砂岩渗透特性参数

轴向位移/mm	围压/MPa	孔隙率 ϕ	渗透率 K/m^2	非 Darcy 流 β 因子/m^{-1}
	3	0.34700	6.46×10^{-11}	5.82×10^7
	4	0.34513	4.30×10^{-11}	5.43×10^7
5	5	0.34325	3.57×10^{-11}	4.15×10^7
	6	0.34104	2.80×10^{-11}	3.75×10^7
	7	0.33850	2.31×10^{-11}	2.98×10^7
	3	0.31779	1.67×10^{-11}	4.52×10^7
	4	0.31473	1.58×10^{-11}	4.96×10^7
10	5	0.31163	1.38×10^{-11}	3.40×10^7
	6	0.30781	1.33×10^{-11}	3.70×10^7
	7	0.30395	1.31×10^{-11}	3.45×10^7
	3	0.28659	8.68×10^{-12}	1.23×10^8
	4	0.28436	8.35×10^{-12}	1.37×10^8
15	5	0.28174	8.44×10^{-12}	1.79×10^8
	6	0.27834	7.18×10^{-12}	1.45×10^8
	7	0.27605	6.57×10^{-12}	1.26×10^8
	3	0.24624	4.65×10^{-12}	7.70×10^8
	4	0.24375	4.38×10^{-17}	9.28×10^8
20	5	0.24124	3.96×10^{-12}	8.77×10^8
	6	0.23829	4.02×10^{-12}	1.14×10^9
	7	0.23575	3.53×10^{-12}	1.01×10^9

表 6-3　级配粒径破碎砂岩渗透特性参数

轴向位移/mm	围压/MPa	孔隙率 ϕ	渗透率 K/m^2	非 Darcy 流 β 因子/m^{-1}
	3	0.30680	2.75×10^{-11}	1.45×10^9
	4	0.30398	2.54×10^{-11}	1.57×10^9
5	5	0.30079	1.87×10^{-11}	2.02×10^9
	6	0.29865	9.78×10^{-12}	1.90×10^9
	7	0.29649	6.72×10^{-12}	1.82×10^9
	3	0.26563	4.28×10^{-12}	5.17×10^9
	4	0.26049	2.41×10^{-12}	7.81×10^9
10	5	0.25688	2.20×10^{-12}	9.85×10^9
	6	0.25446	1.57×10^{-12}	1.11×10^{10}
	7	0.25202	1.18×10^{-12}	9.77×10^9

续表

轴向位移/mm	围压/MPa	孔隙率 ϕ	渗透率 K/m²	非 Darcy 流 β 因子/m⁻¹
15	3	0.21749	9.35×10^{-13}	4.27×10^{10}
	4	0.21480	5.00×10^{-13}	1.67×10^{11}
	5	0.21209	4.22×10^{-13}	1.70×10^{11}
	6	0.20937	3.36×10^{-13}	1.50×10^{11}
	7	0.20663	2.90×10^{-13}	1.48×10^{11}
20	3	0.16615	1.15×10^{-13}	8.03×10^{10}
	4	0.16310	1.01×10^{-13}	1.47×10^{11}
	5	0.16002	6.58×10^{-14}	-4.74×10^{11}
	6	0.15693	5.49×10^{-14}	-6.77×10^{11}
	7	0.15381	4.06×10^{-14}	-1.83×10^{12}

6.3.3　围压与渗透率的关系

　　矿井深部堆积的破碎岩体往往承受较高的围压，当破碎岩体周围环境发生变化时，其所受的围压随之改变，围压的改变必然引起破碎岩体内部结构的变化，进而导致其渗透特性的变化。因此，研究围压对破碎岩体渗透特性的影响显得尤为重要。

　　根据试验数据绘制围压与渗透率 K 之间的曲线图，如图 6-5 所示。

　　图 6-5 给出了 5～10mm、10～15mm 粒径与级配粒径的破碎砂岩围压与渗透率的拟合曲线。从图中可以看出，当轴向位移恒定时，破碎砂岩的渗透率随围压的增大呈减小趋势。原因在于，在轴向位移恒定的条件下，围压的作用使得破碎砂岩侧向发生压缩变形，岩样内部骨架颗粒逐渐被压密，孔隙连通性减弱，造成破碎砂岩渗透率减小。此外，还可从图中看出，在同一围压下，岩样渗透率随着轴向位移的增加而减小，且轴向位移越大，渗透率随围压减小的幅度越小。这是因为

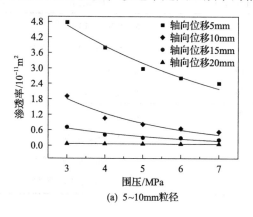

(a) 5~10mm粒径

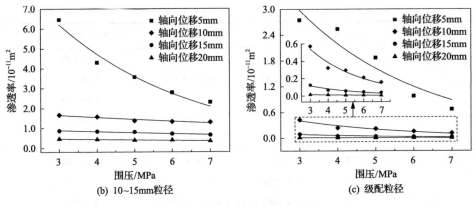

图 6-5　围压与渗透率拟合曲线

轴向位移为 5~10mm 时，破碎砂岩压实程度较小，其内部存在初始孔隙较多，在围压的作用下这些孔隙迅速调整，渗流通道发生改变，使得岩样的渗透率变化较大；随着轴向位移增加到一定程度，即轴向位移为 15~20mm 时，岩样内部孔隙结构的调整开始变缓，继续增加围压只能引起少许孔隙通道的改变，从而表现为岩样渗透率变化平稳的趋势。

　　在各级轴向位移下，从图 6-5 中可以看出，破碎砂岩的渗透率与围压之间有较好的规律性，两者之间可用指数型的经验公式拟合，表 6-4 给出了相应的拟合关系与相关系数，回归方程为

$$K = ae^{b\sigma_3} \tag{6-22}$$

式中，K 为岩样的渗透率，m^2；σ_3 为试验围压，MPa；a、b 为与围压有关的拟合参数。

表 6-4　三种粒径破碎砂岩渗透率–围压拟合关系

粒径/mm	轴向位移/mm	回归方程	相关系数 R^2
5~10	5	$K = 8.2034 \times 10^{-11} e^{-0.1887\sigma_3}$	0.9609
	10	$K = 5.4919 \times 10^{-11} e^{-0.3701\sigma_3}$	0.9273
	15	$K = 1.7840 \times 10^{-11} e^{-0.3254\sigma_3}$	0.9034
	20	$K = 8.8960 \times 10^{-13} e^{-0.0565\sigma_3}$	0.9462
10~15	5	$K = 1.4041 \times 10^{-10} e^{-0.2721\sigma_3}$	0.9621
	10	$K = 2.0310 \times 10^{-11} e^{-0.0676\sigma_3}$	0.8962
	15	$K = 1.0892 \times 10^{-11} e^{-0.0684\sigma_3}$	0.9120
	20	$K = 5.6020 \times 10^{-12} e^{-0.0629\sigma_3}$	0.8987

续表

粒径/mm	轴向位移/mm	回归方程	相关系数 R^2
	5	$K = 7.4058 \times 10^{-11} e^{-0.3034\sigma_3}$	0.8717
级配	10	$K = 1.1100 \times 10^{-11} e^{-0.3354\sigma_3}$	0.9221
	15	$K = 2.4448 \times 10^{-11} e^{-0.3441\sigma_3}$	0.8808
	20	$K = 2.6062 \times 10^{-13} e^{-0.2609\sigma_3}$	0.9568

6.3.4　孔隙率与渗透特性的关系

孔隙率是描述破碎岩石渗透特性的重要参数。下面给出 5 种粒径的破碎砂岩在 5 级围压下的孔隙率与渗透特性的关系。

（1）由试验数据绘制 5 种粒径的破碎砂岩孔隙率 ϕ 与渗透率 K 之间的关系曲线，如图 6-6 所示。

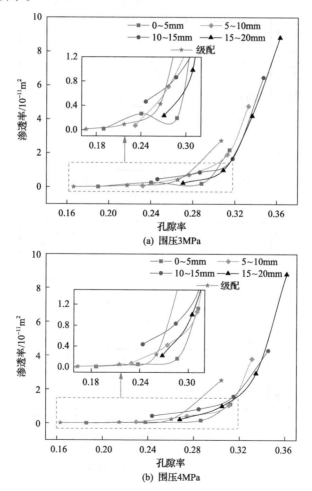

(a) 围压3MPa

(b) 围压4MPa

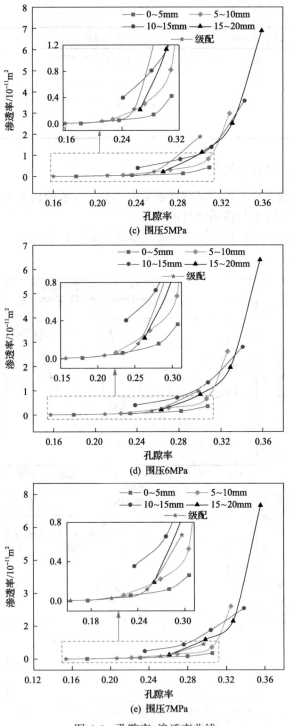

图 6-6　孔隙率-渗透率曲线

　　如图 6-6 所示，三轴应力作用下破碎砂岩渗流过程中，随着孔隙率 ϕ 的减小，5 种粒径的破碎砂岩渗透率 K 整体呈减小趋势，且渗透率 K 量级为 $10^{-14}\sim10^{-11}\text{m}^2$。破碎砂岩的粒径越大，其渗透性越好。5 级围压下，粒径为 15～20mm 的破碎砂岩比 0～5mm 破碎砂岩的渗透率大 1～2 个数量级。但随着孔隙率的减小，在压实的后两个阶段中，由局部放大图可以看出粒径为 10～15mm 的破碎砂岩反而比 15～20mm 破碎砂岩渗透率高，这是因为随着砂岩进一步压实，大粒径砂岩的颗粒破碎细化程度严重，破碎后的细小颗粒进一步充填孔隙，阻塞渗流通道，导致粒径为 15～20mm 的破碎砂岩渗透率小于 10～15mm 的破碎砂岩，同时也说明破碎砂岩的渗透率不仅与所施加的轴向位移及围压有关，还与破碎砂岩的粒径、颗粒的排列方式及破碎细化程度有关。此外，从图中可以看出，随着围压的增大，破碎砂岩的渗透率整体减小，这与图 6-5 得到的围压与渗透率的规律相吻合。

　　(2)建立破碎砂岩孔隙率 ϕ 与非 Darcy 流 β 因子之间的曲线，如图 6-7 所示。

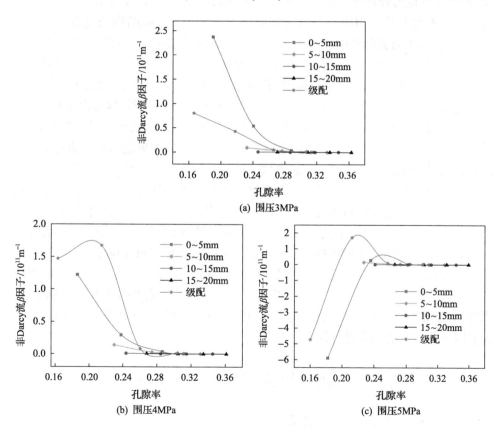

(a) 围压3MPa

(b) 围压4MPa

(c) 围压5MPa

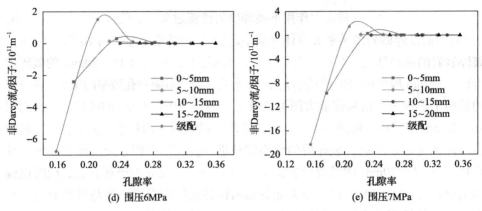

图 6-7　孔隙率-非 Darcy 流 β 因子曲线

图 6-7 给出了不同围压下 5 种粒径破碎砂岩孔隙率与非 Darcy 流 β 因子的关系曲线。可以看出,5 级围压下破碎砂岩非 Darcy 流 β 因子的绝对值的量级为 $10^6 \sim 10^{12} \mathrm{m}^{-1}$。三轴应力作用下 5 种粒径砂岩的非 Darcy 流 β 因子的绝对值随着孔隙率 ϕ 的减小呈增大趋势，但由于加载过程中颗粒的重组及孔隙结构的复杂性等，非 Darcy 流 β 因子与孔隙率的曲线存在局部波折现象，如围压为 3MPa 时级配粒经的砂岩随孔隙率的增加非 Darcy 流 β 因子先增加后减小。破碎砂岩颗粒粒径越小，非 Darcy 流现象越明显。同一轴向位移水平下，$0 \sim 5$mm 粒径与级配粒径的砂岩比其他粒径砂岩的非 Darcy 流 β 因子的绝对值大 $1 \sim 3$ 个数量级,这是由于 $0 \sim 5$mm 粒径与级配粒径的砂岩内部贯通率较小，即密实度较大，造成渗流通道阻力增大，导致砂岩非 Darcy 流 β 因子的绝对值增大，非 Darcy 流现象愈明显。随着围压的增大，级配粒径的砂岩非 Darcy 流 β 因子的绝对值大于其他粒径的砂岩，且级配粒径的砂岩非 Darcy 流 β 因子的绝对值随围压的增大而增大，这是因为级配粒径砂岩内部颗粒重组效应相比其他粒径的砂岩更明显，围压越大级配粒径砂岩内部孔隙更为密实，孔隙通道连通性更弱，非 Darcy 流 β 因子的绝对值愈大。此外，由图 6-7 可以看出，围压为 5MPa、6MPa、7MPa 时，$0 \sim 5$mm 粒径与级配粒径的砂岩非 Darcy 流 β 因子出现负值，图 5-13 的试验中非 Darcy 流 β 因子同样出现负值，现有文献[238]中的试验结果同样出现了砂岩非 Darcy 流 β 因子小于零的情况。因此，对于非 Darcy 流 β 因子出现负值的现象不可轻易否定，有必要对砂岩非 Darcy 流 β 因子为负值的现象进行探究。

6.4　破碎煤样试验结果及分析

6.4.1　孔压梯度与渗流速度的关系

随着渗透压和轴向位移的改变，不同粒径破碎煤样的孔压梯度随之改变，而围压和轴向位移的改变也会导致不同粒径破碎煤样渗流速度发生改变，因此为探究三维应力下不同粒径破碎煤样的孔压梯度与渗流速度的关系，选取 5 种不同粒径的破碎煤样并以轴向位移 5mm、围压 4MPa 为例，在平面直角坐标系中绘制 $\partial p/\partial x$-v 散点图及拟合曲线，如图 6-8 所示。

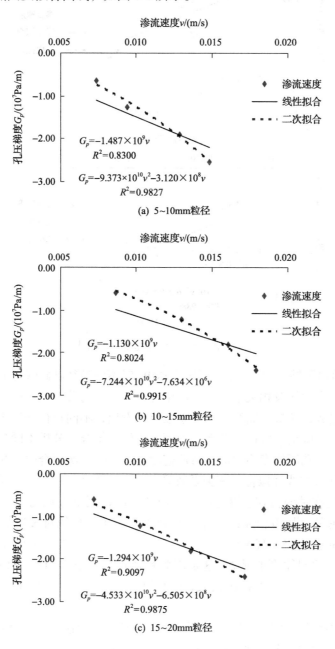

(a)　5~10mm粒径

(b)　10~15mm粒径

(c)　15~20mm粒径

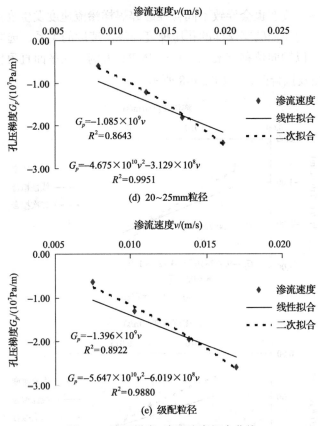

图 6-8　孔压梯度-渗流速度拟合曲线

图 6-8 给出了轴向位移 5mm、围压 4MPa 时不同粒径破碎煤样的孔压梯度与渗流速度的拟合曲线及相关系数。从图中可以看出，随着渗流速度的增大，孔压梯度呈减小趋势，从拟合曲线及相关系数可以看出，不同粒径破碎煤样的渗透特性在三维应力下服从二次拟合关系，而不符合线性拟合。分析不同粒径的其他各组数据后发现，孔压梯度稳定值与渗流速度的关系按二次拟合时，相关系数可达0.98 以上，如果按线性拟合，相关系数只有 0.80～0.91。因此，不同粒径破碎煤样的渗透特性在轴向位移、渗透压和围压的共同作用下表现为二次拟合的规律更加显著。另外，从拟合曲线和相关系数可以看出，粒径对破碎煤样的渗透特性具有一定的影响，5～10mm 粒径与 10～15mm 粒径的破碎煤样在渗流过程中偏离线性拟合的规律更加显著，这是因为粒径越小，破碎煤样孔隙率相对较小，其渗流过程中受到的阻力相应较大，从而使得破碎煤样的二次拟合规律更加明显。

以 5 种粒径的破碎煤样为例,在平面直角坐标系上绘制孔压梯度稳定值 $\partial p/\partial x$ 与渗流速度 v 的散点图,并通过对孔压梯度稳定值 $\partial p/\partial x$ 与渗流速度 v 的散点图进行回归分析,可得到三维应力下不同粒径破碎煤样的渗透特性参量(渗透率 K 与非 Darcy 流 β 因子),见表 6-5~表 6-9。

表 6-5 5~10mm 粒径破碎煤样渗透特性参数

轴向位移/mm	围压 σ_3/MPa	孔隙率 ϕ	渗透率 K/m²	非 Darcy 流 β 因子/m⁻¹
5	3	0.28000	7.58×10^{-11}	1.48×10^{8}
	4	0.26496	6.28×10^{-11}	1.07×10^{8}
	5	0.25501	5.16×10^{-11}	1.27×10^{8}
	6	0.24927	3.96×10^{-11}	1.16×10^{8}
	7	0.24615	3.82×10^{-11}	1.44×10^{8}
10	3	0.23938	1.75×10^{-11}	2.94×10^{8}
	4	0.22778	8.66×10^{-12}	4.98×10^{8}
	5	0.22018	6.56×10^{-12}	6.32×10^{8}
	6	0.21583	4.60×10^{-12}	7.09×10^{8}
	7	0.21291	4.71×10^{-12}	7.93×10^{8}
15	3	0.21048	3.13×10^{-12}	6.32×10^{9}
	4	0.20152	2.87×10^{-12}	6.32×10^{9}
	5	0.19646	1.94×10^{-12}	6.69×10^{9}
	6	0.19339	1.87×10^{-12}	7.42×10^{9}
	7	0.19133	1.46×10^{-12}	8.01×10^{9}
20	3	0.18458	8.18×10^{-12}	4.03×10^{9}
	4	0.17663	7.69×10^{-13}	1.29×10^{10}
	5	0.17179	7.09×10^{-13}	1.31×10^{10}
	6	0.16907	6.11×10^{-13}	1.34×10^{10}
	7	0.16743	4.72×10^{-13}	2.96×10^{9}
25	3	0.16361	1.21×10^{-13}	1.06×10^{11}
	4	0.15749	1.16×10^{-13}	1.20×10^{11}
	5	0.15355	1.13×10^{-13}	1.25×10^{11}
	6	0.15128	1.11×10^{-13}	1.23×10^{11}
	7	0.14957	1.09×10^{-13}	1.83×10^{11}

表 6-6　10～15mm 粒径破碎煤样渗透特性参数

轴向位移/mm	围压 σ_3 /MPa	孔隙率 ϕ	渗透率 K/m^2	非 Darcy 流 β 因子/m^{-1}
	3	0.29755	1.48×10^{-10}	6.33×10^{7}
	4	0.27895	6.93×10^{-11}	8.28×10^{7}
5	5	0.26705	4.11×10^{-11}	7.96×10^{7}
	6	0.26326	3.39×10^{-11}	9.66×10^{7}
	7	0.26012	2.99×10^{-11}	1.65×10^{8}
	3	0.25462	1.58×10^{-11}	5.15×10^{8}
	4	0.24217	1.03×10^{-11}	5.84×10^{8}
10	5	0.23466	6.32×10^{-12}	4.08×10^{8}
	6	0.23226	6.69×10^{-12}	7.03×10^{8}
	7	0.22753	5.19×10^{-12}	6.84×10^{8}
	3	0.22281	4.77×10^{-12}	4.32×10^{9}
	4	0.21294	3.81×10^{-12}	4.16×10^{9}
15	5	0.20703	3.11×10^{-12}	7.30×10^{9}
	6	0.20275	2.67×10^{-12}	1.05×10^{10}
	7	0.20036	2.37×10^{-12}	7.64×10^{9}
	3	0.19514	4.99×10^{-13}	9.29×10^{9}
	4	0.18653	4.47×10^{-13}	3.38×10^{9}
20	5	0.18134	4.26×10^{-13}	3.82×10^{10}
	6	0.17763	4.07×10^{-13}	2.97×10^{10}
	7	0.17548	3.92×10^{-13}	7.62×10^{10}
	3	0.17428	8.20×10^{-14}	9.86×10^{10}
	4	0.16813	7.63×10^{-14}	9.93×10^{10}
25	5	0.16382	7.24×10^{-14}	1.05×10^{11}
	6	0.16036	6.98×10^{-14}	1.24×10^{11}
	7	0.15829	6.84×10^{-14}	1.58×10^{11}

表 6-7　15～20mm 粒径破碎煤样渗透特性参数

轴向位移/mm	围压 σ_3 /MPa	孔隙率 ϕ	渗透率 K/m^2	非 Darcy 流 β 因子/m^{-1}
	3	0.31317	7.26×10^{-11}	6.13×10^7
	4	0.29375	4.56×10^{-11}	5.18×10^7
5	5	0.28260	2.77×10^{-11}	7.08×10^7
	6	0.27680	1.83×10^{-11}	7.24×10^7
	7	0.27342	1.83×10^{-11}	1.08×10^8
	3	0.26668	1.09×10^{-11}	2.67×10^8
	4	0.25193	9.03×10^{-12}	1.58×10^8
10	5	0.24581	7.72×10^{-12}	3.07×10^8
	6	0.24067	7.45×10^{-12}	2.49×10^8
	7	0.23761	6.85×10^{-12}	2.23×10^8
	3	0.23346	5.70×10^{-12}	2.61×10^8
	4	0.22487	4.54×10^{-12}	9.58×10^8
15	5	0.21681	3.88×10^{-12}	1.35×10^9
	6	0.21236	3.42×10^{-12}	1.50×10^9
	7	0.20983	3.12×10^{-12}	1.37×10^9
	3	0.20496	1.49×10^{-12}	3.81×10^9
	4	0.19610	1.40×10^{-12}	7.54×10^9
20	5	0.19056	1.33×10^{-12}	1.01×10^{10}
	6	0.18664	1.26×10^{-12}	8.75×10^9
	7	0.18436	1.21×10^{-12}	1.18×10^{10}
	3	0.18346	4.41×10^{-13}	2.26×10^{10}
	4	0.17707	4.30×10^{-13}	2.32×10^{10}
25	5	0.17259	4.17×10^{-13}	2.43×10^{10}
	6	0.16902	4.12×10^{-13}	4.19×10^{10}
	7	0.16688	4.07×10^{-13}	4.48×10^{10}

表 6-8   20~25mm 粒径破碎煤样渗透特性参数

轴向位移/mm	围压 σ_3/MPa	孔隙率 ϕ	渗透率 K/m²	非 Darcy 流 β 因子/m⁻¹
	3	0.32416	9.53×10^{-11}	4.63×10^{7}
	4	0.30397	6.26×10^{-11}	5.35×10^{7}
5	5	0.29384	4.64×10^{-11}	4.79×10^{7}
	6	0.29104	3.31×10^{-11}	5.22×10^{7}
	7	0.28383	2.83×10^{-11}	5.70×10^{7}
	3	0.27443	3.19×10^{-11}	2.95×10^{7}
	4	0.25907	2.98×10^{-11}	3.07×10^{7}
10	5	0.25292	2.80×10^{-11}	6.92×10^{7}
	6	0.24755	2.40×10^{-11}	6.86×10^{7}
	7	0.24429	2.39×10^{-11}	5.81×10^{7}
	3	0.23743	1.16×10^{-11}	9.79×10^{7}
	4	0.22656	1.08×10^{-11}	1.02×10^{8}
15	5	0.22027	1.06×10^{-11}	1.75×10^{8}
	6	0.21610	1.04×10^{-11}	1.79×10^{8}
	7	0.21339	1.03×10^{-11}	1.91×10^{8}
	3	0.20814	3.91×10^{-12}	6.83×10^{8}
	4	0.19891	3.76×10^{-12}	7.33×10^{8}
20	5	0.19322	3.63×10^{-12}	7.74×10^{8}
	6	0.18933	3.52×10^{-12}	8.12×10^{8}
	7	0.18688	3.37×10^{-12}	9.42×10^{8}
	3	0.18576	2.09×10^{-12}	6.46×10^{8}
	4	0.17879	1.82×10^{-12}	6.70×10^{9}
25	5	0.17428	1.63×10^{-12}	8.01×10^{9}
	6	0.17104	1.38×10^{-12}	8.36×10^{9}
	7	0.16868	1.30×10^{-12}	7.47×10^{9}

表 6-9　级配粒径破碎煤样渗透特性参数

轴向位移/mm	围压 σ_3/MPa	孔隙率 ϕ	渗透率 K/m^2	非 Darcy 流 β 因子/m^{-1}
	3	0.29129	1.03×10^{-10}	8.09×10^7
	4	0.27556	5.86×10^{-11}	6.46×10^7
5	5	0.26352	4.37×10^{-11}	3.83×10^7
	6	0.25738	3.28×10^{-11}	6.11×10^7
	7	0.25397	2.63×10^{-11}	4.85×10^7
	3	0.24759	1.57×10^{-11}	6.60×10^7
	4	0.23545	1.53×10^{-11}	5.95×10^7
10	5	0.22804	1.47×10^{-11}	8.47×10^7
	6	0.22206	1.38×10^{-11}	8.01×10^7
	7	0.22022	1.26×10^{-11}	6.83×10^7
	3	0.21559	9.90×10^{-12}	1.38×10^8
	4	0.20636	8.31×10^{-12}	1.59×10^8
15	5	0.20122	7.87×10^{-12}	2.11×10^8
	6	0.19793	6.83×10^{-12}	2.16×10^8
	7	0.19569	6.49×10^{-12}	2.80×10^8
	3	0.18809	2.61×10^{-12}	1.30×10^9
	4	0.17983	2.59×10^{-12}	2.43×10^9
20	5	0.17504	2.58×10^{-12}	2.79×10^9
	6	0.17218	2.45×10^{-12}	3.15×10^9
	7	0.17025	2.34×10^{-12}	2.84×10^9
	3	0.16659	4.68×10^{-13}	3.32×10^9
	4	0.16055	4.27×10^{-13}	1.18×10^{10}
25	5	0.15668	3.91×10^{-13}	2.25×10^{10}
	6	0.15414	3.49×10^{-13}	5.98×10^{10}
	7	0.15232	2.98×10^{-13}	7.48×10^{10}

6.4.2 轴向位移与孔隙率的关系

由表 6-5～表 6-9 可建立围压作用下，不同粒径破碎煤样的孔隙率随轴向位移增加而变化的关系曲线图，如图 6-9 所示。

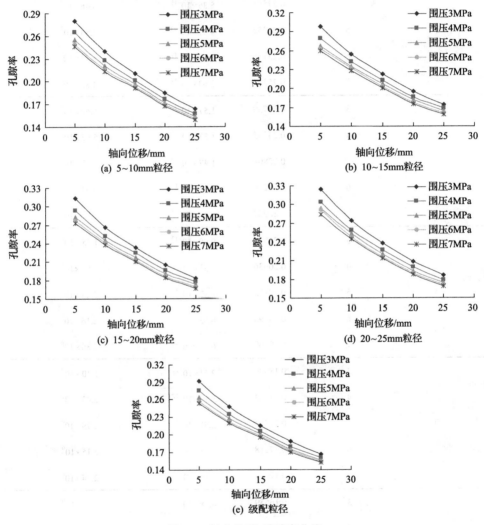

图 6-9　轴向位移-孔隙率曲线

从图 6-9 中可以看出，在围压保持不变的情况下，不同粒径破碎煤样的孔隙率随着轴向位移的增大，呈逐渐减小趋势。因为当围压恒定时，内缸筒四周受到的环向应力保持不变，内缸筒中不同粒径破碎煤样受到的环向应力相当，不会干扰其横向压缩，随着轴向位移的增大，内缸筒中不同粒径破碎煤样被轴向压缩，其原有结构发生改变，孔裂隙逐渐被压密闭合，进而使其孔隙率逐渐减小。因此，表现为不同粒径破碎煤样的孔隙率随着轴向位移的增大而逐渐减小。同时，轴向位移压缩越大，不同粒径破碎煤样的孔隙率随轴向位移的增大而减小的趋势越平缓，这是因为轴向位移越大时，内缸筒中破碎煤样的孔裂隙被压密闭合的越多，孔隙率越小，当继续下压相同位移时，内缸筒中破碎煤样的孔裂隙依然会被压缩，孔隙率还会减小，但减小的幅度不如轴向位移压缩较小时。从图 6-9 中还可以看出，破碎煤样的粒径对孔隙率的大小也会有影响，在各级围压和轴向位移下，破碎煤样的粒径越大，孔隙率相对越大；在各级围压下，破碎煤样的粒径越大，孔隙率随轴向位移的增大而下降的幅度也相应越大。这主要是因为破碎煤样的粒径越大，内缸筒中破碎煤样的孔裂隙会相对较大，孔隙率也会相对较大，在各级围压下，破碎煤样的孔隙率随轴向位移增大而下降的速率就相对越大。

6.4.3 围压与孔隙率的关系

由表 6-5～表 6-9 可建立各级轴向位移作用下，不同粒径破碎煤样的孔隙率随围压增加而变化的关系曲线，如图 6-10 所示。

从图 6-10 中可以看出，在各级轴向位移下，随着围压的增大，不同粒径破碎煤样的孔隙率呈逐渐减小趋势，且趋于各自的稳定值。当围压小于 5MPa 时，孔隙率随着围压的增加而减小的幅度较大，属于不同粒径破碎煤样的快速压密阶段。这主要是因为不同粒径破碎煤样颗粒处于松散的状态，骨架结构的抗变形能力较小，在环向应力下不同粒径破碎煤样的孔裂隙迅速闭合，孔裂隙的充填速度较快；而当围压大于 5MPa 时，不同粒径破碎煤样的孔隙率随围压的增大而减小的速率

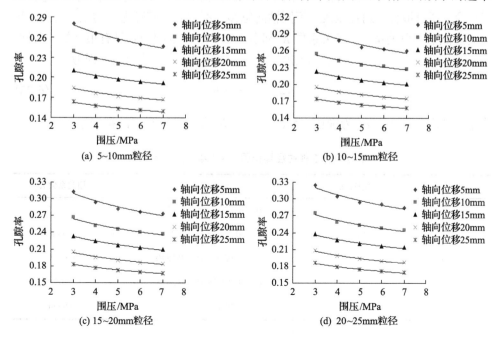

(a) 5~10mm粒径　　　　　　　　　　(b) 10~15mm粒径

(c) 15~20mm粒径　　　　　　　　　　(d) 20~25mm粒径

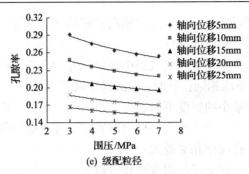

(e) 级配粒径

图 6-10　围压–孔隙率曲线

逐渐减缓，属于不同粒径破碎煤样的缓慢压密阶段。这主要是因为不同粒径破碎煤样颗粒经历了前期的压缩，导致其大量的颗粒被再次压碎、细化，并再次充填孔裂隙，使不同粒径破碎煤样颗粒间的接触面积变大，摩擦力变大，环向变形量趋于缓慢，从而使不同粒径破碎煤样渐渐形成了具有一定支撑能力的结构，进而使破碎煤样的孔隙结构趋向稳定。从图 6-10 中还可以看出，破碎煤样的粒径对孔隙率的大小也有影响，在各级轴向位移和围压下，破碎煤样的粒径越大，孔隙率相对越大；在各级轴向位移下，破碎煤样的粒径越大，孔隙率随围压的增大而下降的速率也相应越大。这主要是因为破碎煤样的粒径越大，内缸筒中破碎煤样的孔裂隙相对较大，孔隙率相对较大，在各级轴向位移下，破碎煤样的孔隙率随围压增大而下降的速率也就相对越大。

　　将图 6-10 中不同轴向位移下不同粒径破碎煤样的围压与孔隙率散点图进行曲线拟合，通过拟合后对比发现，不同轴向位移下不同粒径破碎煤样的围压与孔隙率之间近似呈对数关系，且相关系数 R^2 都在 0.94 以上，说明两者具有很好的相关性，表 6-10 给出了相应的拟合关系和相关系数，围压与孔隙率的回归方程为

$$\phi = a_3 \ln \sigma_3 + b_3 \tag{6-23}$$

式中，ϕ 为孔隙率；σ_3 为围压，MPa；a_3、b_3 为与围压有关的拟合系数。

表 6-10　5 种粒径煤样围压–孔隙率拟合关系

粒径/mm	轴向位移/mm	回归方程	相关系数 R^2
5～10	5	$\phi = -0.0405 \ln \sigma_3 + 0.3225$	0.9765
	10	$\phi = -0.0315 \ln \sigma_3 + 0.2725$	0.9804
	15	$\phi = -0.0226 \ln \sigma_3 + 0.2340$	0.9739
	20	$\phi = -0.0204 \ln \sigma_3 + 0.2058$	0.9718
	25	$\phi = -0.0166 \ln \sigma_3 + 0.1811$	0.9824

续表

粒径/mm	轴向位移/mm	回归方程	相关系数 R^2
10~15	5	$\phi = -0.0444 \ln \sigma_3 + 0.3000$	0.9466
	10	$\phi = -0.0311 \ln \sigma_3 + 0.2870$	0.9700
	15	$\phi = -0.0267 \ln \sigma_3 + 0.2509$	0.9836
	20	$\phi = -0.0233 \ln \sigma_3 + 0.2198$	0.9841
	25	$\phi = -0.0191 \ln \sigma_3 + 0.1949$	0.9955
15~20	5	$\phi = -0.0471 \ln \sigma_3 + 0.3610$	0.9614
	10	$\phi = -0.0338 \ln \sigma_3 + 0.3015$	0.9660
	15	$\phi = -0.0288 \ln \sigma_3 + 0.2645$	0.9883
	20	$\phi = -0.0245 \ln \sigma_3 + 0.2309$	0.9857
	25	$\phi = -0.0198 \ln \sigma_3 + 0.2048$	0.9953
20~25	5	$\phi = -0.0456 \ln \sigma_3 + 0.3708$	0.9543
	10	$\phi = -0.0349 \ln \sigma_3 + 0.3104$	0.9658
	15	$\phi = -0.0284 \ln \sigma_3 + 0.2672$	0.9802
	20	$\phi = -0.0252 \ln \sigma_3 + 0.2348$	0.9849
	25	$\phi = -0.0202 \ln \sigma_3 + 0.2073$	0.9924
级配	5	$\phi = -0.0450 \ln \sigma_3 + 0.3389$	0.9777
	10	$\phi = -0.0330 \ln \sigma_3 + 0.2824$	0.9786
	15	$\phi = -0.0234 \ln \sigma_3 + 0.2400$	0.9766
	20	$\phi = -0.0211 \ln \sigma_3 + 0.2100$	0.9750
	25	$\phi = -0.0169 \ln \sigma_3 + 0.1845$	0.9877

6.4.4　轴向位移与渗透特性的关系

　　轴向位移的改变必然引起破碎煤样内部孔隙结构的改变与调整，导致破碎煤样的渗透特性发生改变，为探究破碎煤样轴向位移与渗透特性的关系，表 6-5～表 6-9 给出了不同轴向位移条件下破碎煤样的渗透率试验数据。

　　1. 轴向位移与渗透率

　　由试验数据绘制 5 种粒径破碎煤样的轴向位移与渗透率之间的关系曲线图，如图 6-11 所示。

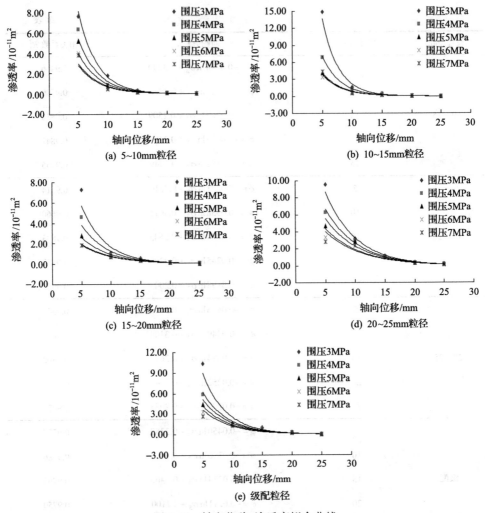

图 6-11　轴向位移-渗透率拟合曲线

　　从图 6-11 中得出在各级围压下，不同粒径破碎煤样的渗透率随着轴向位移的增大呈非线性减小趋势，且都趋于一个稳定值。当轴向位移小于 15mm 时，不同粒径破碎煤样的渗透率随着轴向位移的增大而减小的幅度较大，这是因为当轴向位移较小时，内缸筒中不同粒径破碎煤样颗粒间的孔裂隙较大，孔隙连通性较强，渗流阻力较小，液压油渗流时的渗流量将会较大，导致破碎煤样的渗透率随着轴向位移的增大而减小的幅度较大。当轴向位移大于 15mm 时，随着轴向位移的增大，内缸筒中不同粒径破碎煤样颗粒的破碎程度将会逐渐增大，颗粒的原有结构发生明显改变，颗粒的棱角破坏、压碎、细化以及再次充填孔隙，将使内缸筒中破碎煤样颗粒的密实度增大，渗流阻力更大，从而使不同粒径破碎煤样的渗透率随着轴向位移的增大而趋于一个稳定值。

通过对图 6-11 中围压与孔隙率散点图进行曲线拟合，发现各级围压下不同粒径破碎煤样的轴向位移与渗透率之间近似呈指数拟合关系，且相关系数 R^2 都在 0.93 以上，说明两者具有很好的相关性，表 6-11 给出了相应的拟合关系及相关系数，轴向位移与渗透率的回归方程为

$$K = m_1 e^{n_1 S} \tag{6-24}$$

式中，K 为渗透率，m^2；S 为轴向位移，m；m_1、n_1 均为与轴向位移有关的拟合系数。

表 6-11　5 种粒径煤样轴向位移–渗透率拟合关系

粒径/mm	围压 σ_3/MPa	回归方程	相关系数 R^2
5～10	5	$K = 3.9800 \times 10^{-10} e^{-0.3189S}$	0.9975
	10	$K = 2.4230 \times 10^{-10} e^{-0.3002S}$	0.9904
	15	$K = 1.6971 \times 10^{-10} e^{-0.2894S}$	0.9852
	20	$K = 1.1670 \times 10^{-10} e^{-0.2755S}$	0.9800
	25	$K = 1.1276 \times 10^{-10} e^{-0.2802S}$	0.9858
10～15	5	$K = 8.6502 \times 10^{-10} e^{-0.3692S}$	0.9935
	10	$K = 3.7777 \times 10^{-10} e^{-0.3352S}$	0.9906
	15	$K = 1.9206 \times 10^{-10} e^{-0.3076S}$	0.9836
	20	$K = 1.7655 \times 10^{-10} e^{-0.3033S}$	0.9771
	25	$K = 1.7735 \times 10^{-10} e^{-0.3097S}$	0.9860
15～20	5	$K = 1.9190 \times 10^{-10} e^{-0.2439S}$	0.9823
	10	$K = 1.1708 \times 10^{-10} e^{-0.2239S}$	0.9882
	15	$K = 7.1549 \times 10^{-11} e^{-0.2029S}$	0.9932
	20	$K = 4.9798 \times 10^{-11} e^{-0.1873S}$	0.9955
	25	$K = 4.7300 \times 10^{-11} e^{-0.1869S}$	0.9973
20～25	5	$K = 2.2957 \times 10^{-10} e^{-0.1948S}$	0.9923
	10	$K = 1.6590 \times 10^{-10} e^{-0.1829S}$	0.9957
	15	$K = 1.3214 \times 10^{-10} e^{-0.1748S}$	0.9887
	20	$K = 9.9707 \times 10^{-11} e^{-0.1655S}$	0.9714
	25	$K = 9.0177 \times 10^{-11} e^{-0.1624S}$	0.9547

续表

粒径/mm	围压 σ_3 /MPa	回归方程	相关系数 R^2
	5	$K = 3.1467 \times 10^{-10} \mathrm{e}^{-0.2517S}$	0.9718
	10	$K = 1.9828 \times 10^{-10} \mathrm{e}^{-0.2324S}$	0.9739
级配	15	$K = 1.5747 \times 10^{-10} \mathrm{e}^{-0.2235S}$	0.9638
	20	$K = 1.2388 \times 10^{-10} \mathrm{e}^{-0.2162S}$	0.9543
	25	$K = 1.0506 \times 10^{-10} \mathrm{e}^{-0.2128S}$	0.9363

2. 轴向位移与非 Darcy 流 β 因子

通过试验数据建立 5 种粒径破碎煤样的轴向位移与非 Darcy 流 β 因子之间的关系曲线图,如图 6-12 所示。

从图 6-12 中可以看出,在各级围压下,不同粒径破碎煤样的非 Darcy 流 β 因子随着轴向位移的增加整体呈逐渐增大趋势,且当轴向位移从 20mm 下压到 25mm 时,不同粒径破碎煤样的非 Darcy 流 β 因子增加的幅度明显大于之前各级轴向位移。这是因为当轴向位移从 20mm 下压到 25mm 时,内缸筒中的破碎煤样经过了

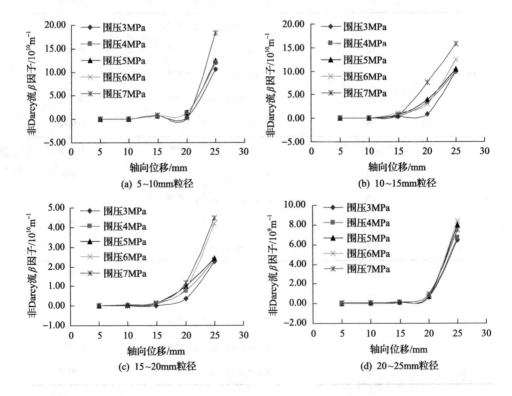

(a) 5~10mm粒径　　　　　　　　　　(b) 10~15mm粒径

(c) 15~20mm粒径　　　　　　　　　　(d) 20~25mm粒径

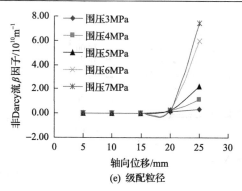

图 6-12　轴向位移-非 Darcy 流 β 因子曲线

前几级轴向压缩，破碎煤样的粒径也经过了几次压碎，分化与重新充填，致使内缸筒中破碎煤样的孔裂隙逐步被压实，渗流阻力急剧增大，非 Darcy 流 β 因子增加越快。从图 6-12(a)中可以发现，当轴向位移从 15mm 下压到 20mm 时，内缸筒中破碎煤样的非 Darcy 流 β 因子在围压为 3MPa 和 7MPa 时没增大，反而减小。这是由于破碎煤样的进一步压缩，粒径之间破碎细化严重，细化后的粒径进一步充填孔隙，造成孔隙结构被调整，致使孔隙通道更加复杂，具有不确定性，近而导致破碎煤样的非 Darcy 流 β 因子在轴向位移增加时存在局部波折现象；从图 6-12 中可以发现，当轴向位移为 25mm 时，5～10mm 粒径煤样的非 Darcy 流 β 因子值要大于 20～25mm 粒径煤样的非 Darcy 流 β 因子值，而级配粒径煤样的非 Darcy 流 β 因子值比 10～15mm 粒径煤样的值还小。因此，破碎煤样的非 Darcy 流 β 因子不仅与当前的围压和轴向位移有关，而且还与破碎后煤样的粒径、初始孔隙通道、颗粒排列方式、碎化程度有关。

6.4.5　围压与渗透特性的关系

矿井深部堆积的破碎煤体往往承受较高的围压，当破碎煤体周围环境发生变化时，其所受的围压随之改变，围压的改变必然引起破碎煤体内部结构的变化，进而导致其渗透特性的变化。因此，研究围压对破碎煤体渗透特性的影响显得尤为重要。为探究破碎煤样围压与渗透特性的关系，表 6-5～表 6-9 给出了相应的试验数据。

1. 围压与渗透率

由试验数据建立各级轴向位移下围压与渗透率 K 之间的关系曲线图，如图 6-13 所示。

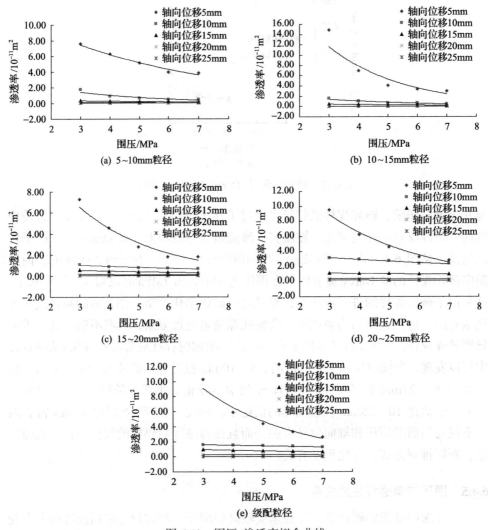

图 6-13　围压-渗透率拟合曲线

　　图 6-13 给出了各级轴向位移下破碎煤样渗流过程中围压与渗透率之间的关系曲线。从图中可以看出，当各级轴向位移恒定时，不同粒径破碎煤样的渗透率随着围压的增大呈减小趋势，且都趋于各自的稳定值。这是因为，在各级轴向位移下，内缸筒中不同粒径破碎煤样颗粒间的孔隙相对较大，当围压初次作用时，内缸筒受到环向应力的挤压颗粒间的孔隙迅速闭合，形成稳定的孔隙结构，其渗透率减小较快，当围压继续增大时，由于内缸筒中不同粒径破碎煤样颗粒间孔隙结构较稳定，围压的增大只能引起少许孔隙通道的改变，孔隙压缩量相对较少，致使其渗透率减小缓慢，而最终趋于各自的稳定值。从图 6-13 中还可以看出，不同

粒径下，随着围压的增大，轴向位移为 5mm 时破碎煤样渗透率减小的幅度远大于其他轴向位移。这是由于当轴向位移为 5mm 时，内缸筒中破碎煤样处于第一级下压状态，原内缸筒中处于松散状态的破碎煤样迅速被压密闭合，颗粒间的孔隙被急剧压缩减小，致使不同粒径破碎煤样的渗透率随围压增大而减小的幅度较大。

通过对图 6-13 中散点图进行曲线拟合后可以发现，在各级轴向位移保持不变的情况下，不同粒径破碎煤样的渗透率与围压之间存在较好的规律性，两者符合指数型经验公式，相关系数均在 0.86 以上，表 6-12 给出了两者相应的拟合关系和相关系数，渗透率与围压的回归方程为

$$K = m_2 e^{n_2 \sigma_3} \tag{6-25}$$

式中，K 为渗透率，m^2；σ_3 为围压，MPa；m_2、n_2 均为与围压有关的拟合系数。

表 6-12　五种粒径煤样围压–渗透率拟合关系

粒径/mm	轴向位移/mm	回归方程	相关系数 R^2
5～10	5	$K = 1.2936 \times 10^{-10} e^{-0.1832\sigma_3}$	0.9670
	10	$K = 3.7484 \times 10^{-11} e^{-0.3257\sigma_3}$	0.8768
	15	$K = 5.7302 \times 10^{-12} e^{-1.9475\sigma_3}$	0.9453
	20	$K = 1.2893 \times 10^{-12} e^{-1.3287\sigma_3}$	0.9180
	25	$K = 1.2878 \times 10^{-13} e^{-0.0243\sigma_3}$	0.9486
10～15	5	$K = 3.7855 \times 10^{-10} e^{-0.3923\sigma_3}$	0.8911
	10	$K = 3.0818 \times 10^{-11} e^{-0.2662\sigma_3}$	0.8835
	15	$K = 7.7818 \times 10^{-12} e^{-0.1750\sigma_3}$	0.9848
	20	$K = 5.7690 \times 10^{-13} e^{-0.0574\sigma_3}$	0.9448
	25	$K = 9.2355 \times 10^{-14} e^{-0.0454\sigma_3}$	0.9533
15～20	5	$K = 1.9662 \times 10^{-10} e^{-0.3666\sigma_3}$	0.9344
	10	$K = 1.4472 \times 10^{-11} e^{-0.1118\sigma_3}$	0.9305
	15	$K = 8.4860 \times 10^{-12} e^{-0.1486\sigma_3}$	0.9706
	20	$K = 1.7305 \times 10^{-12} e^{-0.0516\sigma_3}$	0.9945
	25	$K = 4.6660 \times 10^{-13} e^{-0.0204\sigma_3}$	0.9628

续表

粒径/mm	轴向位移/mm	回归方程	相关系数 R^2
20~25	5	$K = 2.2326 \times 10^{-10} e^{-0.3067\sigma_3}$	0.9796
	10	$K = 4.0652 \times 10^{-11} e^{-0.0793\sigma_3}$	0.9466
	15	$K = 1.2335 \times 10^{-11} e^{-0.0278\sigma_3}$	0.8640
	20	$K = 4.3534 \times 10^{-12} e^{-0.0361\sigma_3}$	0.9980
	25	$K = 2.9928 \times 10^{-12} e^{-0.1229\sigma_3}$	0.9860
级配	5	$K = 2.4635 \times 10^{-10} e^{-0.3316\sigma_3}$	0.9647
	10	$K = 1.8843 \times 10^{-11} e^{-0.0541\sigma_3}$	0.9431
	15	$K = 1.3102 \times 10^{-11} e^{-0.1040\sigma_3}$	0.9634
	20	$K = 2.8786 \times 10^{-12} e^{-0.0273\sigma_3}$	0.8707
	25	$K = 6.6239 \times 10^{-13} e^{-0.1100\sigma_3}$	0.9834

2. 围压与非 Darcy 流 β 因子

依据试验数据建立各级轴向位移下围压与非 Darcy 流 β 因子之间的关系曲线图，如图 6-14 所示。

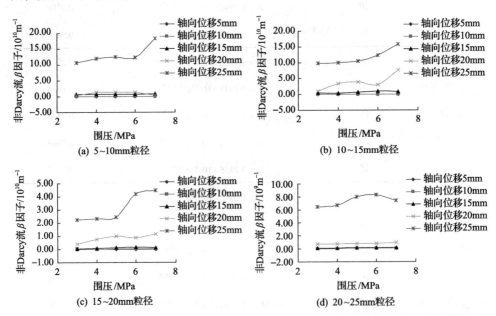

(a) 5~10mm粒径　　　　　　　　　(b) 10~15mm粒径

(c) 15~20mm粒径　　　　　　　　　(d) 20~25mm粒径

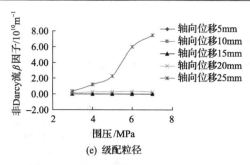

图 6-14　围压-非 Darcy 流 β 因子曲线

从图 6-14 中可以看出，当各级轴向位移恒定时，随着围压的增加，不同粒径破碎煤样的非 Darcy 流 β 因子整体呈逐渐增大趋势。这是由于围压的增大，内缸筒四周受到环向应力的挤压，内缸筒中不同粒径破碎煤样颗粒的孔隙结构被调整和压密，孔裂隙逐渐减小，渗流阻力增大，导致非 Darcy 流 β 因子呈逐渐增大趋势。从图中还可以看出，当围压从 5MPa 增加到 7MPa 时，不同粒径破碎煤样的非 Darcy 流 β 因子变化幅度明显大于围压从 3MPa 增加到 5MPa 时的幅度，这是因为在各级轴向位移下，围压逐级增加时，内缸筒内不同粒径破碎煤样颗粒的孔隙结构将会变得逐级稳定，所以当围压从 5MPa 增加到 7MPa 时，内缸筒中不同粒径破碎煤样颗粒的孔隙结构变化相对较小，渗流阻力相对较大，导致其非 Darcy 流 β 因子的变化幅度明显大于围压从 3MPa 增加到 5MPa 时的幅度；同时，当围压从 5MPa 增加到 7MPa 时，不同粒径破碎煤样的非 Darcy 流 β 因子不仅存在增大的情况，还存在逐渐减小的情况，这是因为围压的增大致使内缸筒中不同粒径破碎煤样颗粒之间进一步压缩，颗粒的碎化现象较严重，当重新充填孔裂隙时，会使孔隙通道的复杂性和不确定性更高，从而导致不同粒径破碎煤样的非 Darcy 流 β 因子在围压增加时存在逐渐减小的情况。通过图 6-14 和表 6-5～表 6-9 还可发现，在各级围压下，轴向位移为 25mm 时不同粒径破碎煤样的非 Darcy 流 β 因子值比轴向位移为 5mm 时的非 Darcy 流 β 因子值大 2～4 个数量级，这是因为当轴向位移为 25mm 时，内缸筒中破碎煤样颗粒间的孔裂隙已足够密实，孔隙通道内的黏滞阻力相对较大，导致渗流过程中渗流阻力急剧增大，从而使不同粒径破碎煤样的非 Darcy 流 β 因子值比轴向位移为 5mm 时的非 Darcy 流 β 因子值大得多。

6.4.6　孔隙率与渗透特性的关系

破碎煤体具有相对较大的孔隙率，其渗透率较完整煤体高出多个数量级，故采掘过程中因渗流引起的重大灾害事故常发生在破碎煤体中。因此，研究孔隙率与破碎煤体渗透特性的关系至关重要。为探究破碎煤样孔隙率与渗透特性的关系，表 6-5～表 6-9 给出了相应的试验数据。

1. 孔隙率与渗透率

由试验数据绘制不同粒径的破碎煤样孔隙率 ϕ 与渗透率 K 之间的关系曲线，如图 6-15 所示。

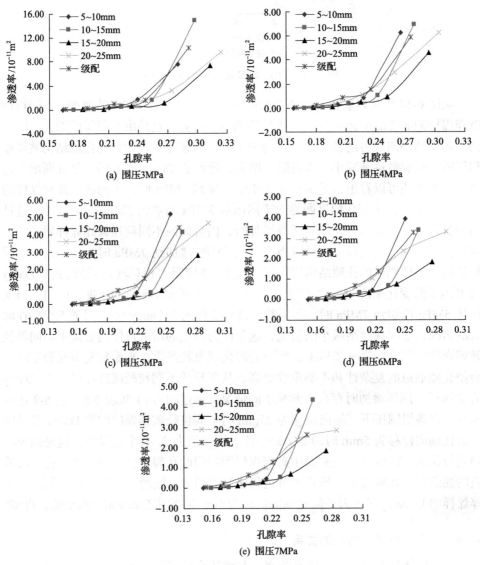

图 6-15　孔隙率-渗透率曲线

图 6-15 给出了 5 级围压下不同粒径破碎煤样的孔隙率与渗透率之间的关系曲线，从图中可以看出，在三维应力作用下破碎煤样渗流过程中，5 种粒径的破碎煤样渗透率 K 随着孔隙率 ϕ 的增加整体呈增大趋势，且增大的幅度随着孔隙率的

增加而逐渐上升。这是因为在各级围压下，当给内缸筒中不同粒径破碎煤样施加轴向位移时，其孔隙率会逐渐减小，且减小趋势逐渐趋于平缓，致使其渗透率的减小趋势先快后慢，所以从图中可以看出 5 种粒径的破碎煤样渗透率 K 随着孔隙率 ϕ 的增加而逐渐增大，且增大的幅度随着孔隙率的增加而逐渐上升。从图 6-15 中对比可以看出，粒径对破碎煤样的渗透性也有影响，粒径越大，破碎煤样的渗透率相对较大，通过查表 6-5～表 6-9 可知，在各级轴向位移下，粒径为 20～25mm 破碎煤样比粒径为 5～10mm 破碎煤样的渗透率大 1～2 个数量级。这是由于粒径越大，内缸筒中破碎煤样的孔裂隙相对较大，孔隙流通性较强，致使其渗透率相对较大。通过对比粒径为 10～15mm 破碎煤样和粒径为 15～20mm 破碎煤样的渗透率可以发现，在压实过程的前两个阶段，随着孔隙率的减小，粒径为 10～15mm 破碎煤样的渗透率反而比粒径为 15～20mm 破碎煤样的渗透率大，这是由于破碎煤样开始被压实时，粒径越大，颗粒被压碎的越多，程度越严重，破碎细化后的小颗粒会迅速充填孔隙，增加孔隙的密实度，增加渗流阻力，从而致使粒径为 10～15mm 破碎煤样的渗透率比粒径为 15～20mm 破碎煤样的渗透率大。此外，通过查表 6-5～表 6-9 可得到渗透率 K 量级为 10^{-14}～10^{-10}m^2。

2. 孔隙率与非 Darcy 流 β 因子

依据试验数据建立破碎煤样孔隙率 ϕ 与非 Darcy 流 β 因子之间的关系曲线，如图 6-16 所示。

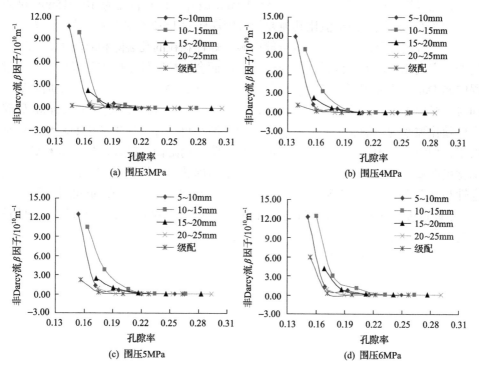

(a) 围压3MPa

(b) 围压4MPa

(c) 围压5MPa

(d) 围压6MPa

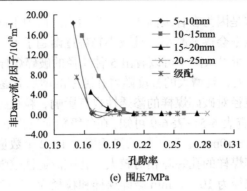

(e) 围压7MPa

图 6-16　孔隙率-非 Darcy 流 β 因子曲线

从图 6-16 可以看出，随着孔隙率 ϕ 的增加，三维应力下不同粒径破碎煤样的非 Darcy 流 β 因子呈减小趋势，且减小的幅度逐渐变小。这是因为在各级围压恒定下，当给内缸筒中不同粒径破碎煤样施加轴向位移时，其孔隙率减小的趋势先快后慢，说明内缸筒中不同粒径破碎煤样颗粒间的渗流阻力增加的趋势先慢后快，致使其非 Darcy 流 β 因子增加的幅度先慢后快，所以从图中可以看出三维应力下不同粒径破碎煤样的非 Darcy 流 β 因子随着孔隙率 ϕ 的增加而逐渐减小，且减小的幅度逐渐变小。从图 6-16 中对比可以看出，破碎煤样的渗透性与粒径的大小有关，粒径越小，非 Darcy 渗流现象越明显。通过对比图 6-16 和查表 6-5～表 6-9 可知，在各级轴向位移下，粒径为 5～10mm 破碎煤样和粒径为 10~15mm 破碎煤样的非 Darcy 流 β 因子值比其他粒径破碎煤样大 1～2 个数量级，这是因为粒径越小，其轴向位移压缩过程中内缸筒内破碎煤样颗粒的孔裂隙相对较少，孔隙结构的密实度相对较大，渗透性相对较小，因而会使粒径较小的破碎煤样在渗流过程中非 Darcy 流 β 因子值变化相对较大，导致其非 Darcy 渗流的现象愈加明显。同时，对比图 6-16 可以发现，围压为 3MPa 和 7MPa 时，粒径为 5～10mm 破碎煤样随孔隙率的增加非 Darcy 流 β 因子呈先减小再增加最后再减小的趋势。这是由于在加载过程中，随着轴向位移的逐步下降，内缸筒内破碎煤样的颗粒破碎，细化更严重，当重新充填孔隙后，会使内缸筒内破碎煤样的孔隙结构呈现出不确定性和复杂性，进而使孔隙率与非 Darcy 流 β 因子的曲线图存在局部的波折现象。此外，通过查表 6-5～表 6-9 可得到不同粒径破碎煤样的非 Darcy 流 β 因子值的量级为 $10^7 \sim 10^{11} \mathrm{m}^{-1}$。

第 7 章   破碎煤岩流固耦合问题

从破碎煤岩的渗透试验结果可以看出，破碎岩样的渗流表现为非 Darcy 渗流现象，非 Darcy 流 β 因子存在正负两种可能，工程中因渗流失稳诱发突水的过程往往是渗透参量的渐变引起系统突变的过程。

破碎煤岩体可视为由固体介质(骨架和充填物)和孔隙中液体(流体)介质构成。破碎煤岩体在外部上覆岩层压力的作用下，其内部结构不断调整与变形，导致破碎煤岩体孔隙率发生变化而影响其渗透特性，从而引起破碎煤岩体渗流场的变化；相反地，破碎煤岩体内部在孔隙压力的作用下，其内部的应力分布发生改变，从而影响破碎煤岩体的应力场。因此，破碎煤岩体试样固体介质骨架的变形与孔隙中流体介质之间存在复杂的耦合关系，有必要采用流固耦合渗流动力学的方法对破碎煤岩体渗流进行研究。

本章在第 5 章和第 6 章试验的基础上，运用多孔介质理论与流固耦合动力学理论，建立破碎煤岩体固体介质骨架变形与液体介质渗流之间的关系，探究破碎煤岩体流固耦合动力学行为。

7.1   流固耦合问题描述

1923 年 Terzaghi 通过试验观察到饱和土体中的变形与有效应力存在密切关系，首次提出了有效应力的概念并将变形多孔介质中流体饱和流动看作耦合问题，建立了一维固结模型。Biot 在研究弹性多孔介质的三维问题时，考虑了土体骨架变形与孔隙压力之间的耦合作用，提出了完善的三维固结理论。此后，流固耦合理论的研究主要围绕 Biot 的三维固结理论开展，只是假设的应力应变的本构关系有所不同。

文献[197]将多孔介质的有效应力原理引入流固耦合渗流中，得到多孔介质的渗透率与孔隙率之间的动态关系，建立了较为完善的饱和多孔介质流固耦合渗流的数学模型。

文献[239]借助饱和多孔介质流固耦合渗流数学模型，推导建立了适合描述承压含水层地下水开采过程渗流与地面沉降耦合的二维数学模型。并通过数值算例，计算得出了渗流场的分布特征和地面沉降量的变化规律，研究了流固耦合效应。

近年来流固耦合问题备受研究人员的重视，该问题的研究涉及较多的领域，如地下工程中地表沉降的渗流、煤层瓦斯渗流、地下水渗流、石油与天然气开采过程中的流固耦合问题等。然而对于破碎煤岩体的变形与渗流规律研究相对较少，本章在试验的基础上，采用动力学方法对破碎煤岩体渗流系统的应力场与渗流场的动态耦合作用进行分析。

7.2 应力场控制方程

7.2.1 应力平衡方程

1. 应力的概念

在外力作用下破碎煤岩体发生变形，改变了分子的间距，在破碎煤岩体内部形成附加的应力场。考虑破碎煤岩体中任意一点 P，包围点 P 作体元 ΔV 和 ΔV_*、面元 ΔA 和 ΔA_*，其中带*表示特征元。表面 S 将岩体分成外域和内域。设外域作用力作用在面元 ΔA 上的合力为 ΔF，定义作用点 P 外法线为 n 的面元上的应力张量为

$$\sigma = \lim_{\Delta A \to \Delta A_*} \frac{\Delta F}{\Delta A} \tag{7-1}$$

2. 应力矩阵

在笛卡儿坐标系中，在多孔材料中点 P 的领域取出一个正六面体微元，其外法线与坐标轴 x_i 同向 $(n_i = e_i)$ 的三个面称为正面，另外三个面称为负面。作用在正面的应力张量 σ_i $(i=1, 2, 3)$ 可分解为 9 个应力分量 σ_{ij} $(i, j=1, 2, 3)$，$i = j$ 称为正应力，$i \neq j$ 称为剪应力。写成应力矩阵为

$$\sigma_{ij} = \begin{pmatrix} \sigma_{11} & \sigma_{12} & \sigma_{13} \\ \sigma_{21} & \sigma_{22} & \sigma_{23} \\ \sigma_{31} & \sigma_{32} & \sigma_{33} \end{pmatrix} \tag{7-2}$$

作用在负面上的应力矢量沿坐标轴反向分解。当六面体足够小时，正面应力与负面应力大小相等、方向相反。

3. 平衡方程

破碎煤岩体在外载及内部流载的作用下，其内部流体具有一定的渗流速度，且固体介质也具有一定的运动速度。设 u_i $(i=1, 2, 3)$ 为固体介质骨架的位移分量，即在 x、y、z 三个方向的位移，流体的绝对运动速度为 v_f，固体介质骨架的绝对运动速度为 v_s，流体相对于固体介质骨架的相对速度为 v_r，则

$$v_{\mathrm{s}} = v_{\mathrm{f}} - v_{\mathrm{r}} \tag{7-3}$$

设固体介质与流体的质量密度分别为 ρ_{s}、ρ_{f}，体力为 f(多数情况下为重力)，以压应力为正。由于固体介质骨架与流体处于运动状态，根据达朗伯原理，将惯性力看作体力，由各个方向力平衡条件，得到介质总体的应力平衡方程，用指标符号缩写为

$$-\sigma_{ij,j} + f_i = \rho_{\mathrm{s}} \cdot (1-\phi) \frac{D_{\mathrm{s}} v_{si}}{Dt} + \rho_{\mathrm{f}} \cdot \phi \frac{D_{\mathrm{f}} v_{fi}}{Dt} \tag{7-4}$$

式中，f_i 为破碎煤岩体在 i 方向的体力；ϕ 为破碎煤岩体介质的孔隙率；v_{si}、v_{fi} 分别为固体介质骨架和流体的绝对运动速度 v_{s}、v_{f} 在 i 方向的投影；$\dfrac{D_{\mathrm{s}}}{Dt}$、$\dfrac{D_{\mathrm{f}}}{Dt}$ 为物质导数，且表达式为

$$\frac{D_{\mathrm{s}}}{Dt} = \frac{\partial}{\partial t} + (v_{\mathrm{s}} \cdot \nabla) \tag{7-5}$$

$$\frac{D_{\mathrm{f}}}{Dt} = \frac{\partial}{\partial t} + (v_{\mathrm{f}} \cdot \nabla) = \frac{D_{\mathrm{s}}}{Dt} + (v_{\mathrm{f}} \cdot \nabla) \tag{7-6}$$

在直角坐标系中，式(7-4)的分量形式可写为

$$\left. \begin{aligned} -\left(\frac{\partial \sigma_x}{\partial x} + \frac{\partial \sigma_{xy}}{\partial y} + \frac{\partial \sigma_{xz}}{\partial z} \right) + f_x &= \rho_{\mathrm{s}} \cdot (1-\phi) \frac{D_{\mathrm{s}} v_{sx}}{Dt} + \rho_{\mathrm{f}} \cdot \phi \frac{D_{\mathrm{f}} v_{fx}}{Dt} \\ -\left(\frac{\partial \sigma_{yx}}{\partial x} + \frac{\partial \sigma_y}{\partial y} + \frac{\partial \sigma_{yz}}{\partial z} \right) + f_y &= \rho_{\mathrm{s}} \cdot (1-\phi) \frac{D_{\mathrm{s}} v_{sy}}{Dt} + \rho_{\mathrm{f}} \cdot \phi \frac{D_{\mathrm{f}} v_{fy}}{Dt} \\ -\left(\frac{\partial \sigma_{zx}}{\partial x} + \frac{\partial \sigma_{zy}}{\partial y} + \frac{\partial \sigma_z}{\partial z} \right) + f_z &= \rho_{\mathrm{s}} \cdot (1-\phi) \frac{D_{\mathrm{s}} v_{sz}}{Dt} + \rho_{\mathrm{f}} \cdot \phi \frac{D_{\mathrm{f}} v_{fz}}{Dt} \end{aligned} \right\} \tag{7-7}$$

7.2.2 几何方程

几何方程是物体变形过程的位移-应变关系。物体受力后，多孔介质内部各点将产生位移，原来点 P 位移后达到点 P'。PP' 连线的矢量用位移矢量 u 表示，即

$$u = u_x e_1 + u_y e_2 + u_z e_3 \tag{7-8}$$

式中，u_x、u_y、u_z 表示 x、y、z 三个方向的位移分量；e_1、e_2、e_3 表示三个单位向量。

线应变是指单位长度线段的伸缩。破碎煤岩体的线应变以压缩为正，三个方向的线应变分别记为

$$\varepsilon_x = -\frac{\partial u_x}{\partial x}, \quad \varepsilon_y = -\frac{\partial u_y}{\partial y}, \quad \varepsilon_z = -\frac{\partial u_z}{\partial z} \tag{7-9}$$

为了对称起见，将 ε_x 写成 ε_{xx}，或用指标符号表示为 ε_1 或 ε_{11}，其余类推。

剪应变是指原来相互垂直的两个线段变形后期夹角的减小量，用 γ 表示

$$\left.\begin{array}{l} \gamma_{xy} = -\left(\dfrac{\partial u_y}{\partial x} + \dfrac{\partial u_x}{\partial y}\right) = -2\varepsilon_{xy} \\[3mm] \gamma_{yz} = -\left(\dfrac{\partial u_z}{\partial y} + \dfrac{\partial u_y}{\partial z}\right) = -2\varepsilon_{yz} \\[3mm] \gamma_{zx} = -\left(\dfrac{\partial u_x}{\partial z} + \dfrac{\partial u_z}{\partial x}\right) = -2\varepsilon_{zx} \end{array}\right\} \tag{7-10}$$

式 (7-10) 用指标符号表示为 $\gamma_{ij} = -(u_{j,i} + u_{i,j}) = -2\varepsilon_{ij}\ (i \neq j)$，$\gamma_{ij} = \gamma_{ji}$。

由式 (7-9) 和式 (7-10) 可将固体骨架的几何方程用指标符号表示为

$$\varepsilon_{ij} = \varepsilon_{ji} = -\frac{1}{2}(u_{i,j} + u_{j,i}) \tag{7-11}$$

在直角坐标系中，式 (7-11) 分量形式可写为

$$\left.\begin{array}{ll} \varepsilon_x = \varepsilon_{xx} = -\dfrac{\partial u_x}{\partial x}, & \varepsilon_{xy} = \varepsilon_{yx} = -\dfrac{1}{2}\left(\dfrac{\partial u_x}{\partial y} + \dfrac{\partial u_y}{\partial x}\right) \\[3mm] \varepsilon_y = \varepsilon_{yy} = -\dfrac{\partial u_y}{\partial y}, & \varepsilon_{yz} = \varepsilon_{zy} = -\dfrac{1}{2}\left(\dfrac{\partial u_y}{\partial z} + \dfrac{\partial u_z}{\partial y}\right) \\[3mm] \varepsilon_z = \varepsilon_{zz} = -\dfrac{\partial u_z}{\partial z}, & \varepsilon_{zx} = \varepsilon_{xz} = -\dfrac{1}{2}\left(\dfrac{\partial u_z}{\partial x} + \dfrac{\partial u_x}{\partial z}\right) \end{array}\right\} \tag{7-12}$$

为描述简单起见，假定固体介质为各向同性，则固体介质的体应变可表示为

$$\varepsilon_V = \varepsilon_x + \varepsilon_y + \varepsilon_z = -\frac{\partial u_i}{\partial x_i} = -\left(\frac{\partial u_x}{\partial x} + \frac{\partial u_y}{\partial y} + \frac{\partial u_z}{\partial z}\right) \tag{7-13}$$

7.2.3　本构方程

本构方程是指物体的力学参数 (应力、应力的导数等) 和运动参数 (应变、应变速率等) 之间的关系。对于破碎煤岩体，各岩块排列的无序性导致散体颗粒在宏观上可视为均匀及各向同性。因此，在岩样初步压实后，可建立多孔介质有效应力

应变本构模型，用指标符号表示为

$$\sigma'_{ij} = 2G\varepsilon_{ij} + \lambda\varepsilon_V\delta_{ij} \tag{7-14}$$

式中，σ'_{ij} 为破碎煤岩体的有效应力；λ、G 分别为破碎煤岩体介质的拉梅系数与剪切模量；ε_V 为破碎煤岩体介质的体应变；δ_{ij} 为 Kronecker 符号。

7.2.4　有效应力方程

Terzaghi 在研究土力学时，提出了著名的有效应力原理 $\sigma'_{ij} = \sigma_{ij} - p\delta_{ij}$。但在岩石力学的渗流研究领域中，主要采用修正的 Terzaghi 有效应力原理。Geersman 提出的有效应力方程如下：

$$\sigma'_{ij} = \sigma_{ij} - \alpha p\delta_{ij} \tag{7-15}$$

式中，σ'_{ij} 为有效应力；σ_{ij} 为总应力；p 为孔隙压力；系数 α 满足 $0 \leqslant \alpha \leqslant 1$，且定义为

$$\alpha = 1 - \frac{K_e}{K_s} \tag{7-16}$$

式中，K_s 为固体基质体积模量；K_e 为含有孔隙的多孔介质有效体积模量；α 为孔隙弹性系数。

孔隙率是反映多孔介质性质的一个重要参数，同时也是区分和联系固体物质与多孔介质的重要指标。就破碎煤岩体而言，应采用多孔介质的有效应力原理，该原理能够体现固体介质骨架变形与流体流动之间的耦合。假定压应力及压应变为正，得到岩体中的总应力为

$$\sigma_{ij} = \sigma'_{ij} + \phi p\delta_{ij} \tag{7-17}$$

式中，σ'_{ij} 为破碎煤岩体的有效应力；p 为孔隙压力；ϕ 为破碎煤岩体的孔隙率。

7.2.5　应力场方程

联立式(7-14)给出的本构方程及式(7-17)给出的有效应力方程，将其代入应力平衡方程式(7-4)中，可得流固耦合的应力场控制方程为

$$-[(\lambda + G)\varepsilon_{V,i} - G\nabla^2 u_i + \phi p_{,i}] + f_i = \rho_s \cdot (1 - \phi)\frac{D_s v_{si}}{Dt} + \rho_f \cdot \phi\frac{D_f v_{fi}}{Dt} \quad (i = 1, 2, 3) \tag{7-18}$$

联立式(7-11)可得用位移量 u_x、u_y、u_z 表示的应力场控制方程，即式(7-18)

的分量形式可写为

$$
\left.\begin{aligned}
&-\left[-G\nabla^2 u_x - (\lambda+G)\frac{\partial}{\partial x}\left(\frac{\partial u_x}{\partial x}+\frac{\partial u_y}{\partial y}+\frac{\partial u_z}{\partial z}\right)+\phi\frac{\partial p}{\partial x}\right]+f_x = \rho_s\cdot(1-\phi)\frac{D_s v_{sx}}{Dt}+\rho_f\cdot\phi\frac{D_f v_{fx}}{Dt}\\
&-\left[-G\nabla^2 u_y - (\lambda+G)\frac{\partial}{\partial y}\left(\frac{\partial u_x}{\partial x}+\frac{\partial u_y}{\partial y}+\frac{\partial u_z}{\partial z}\right)+\phi\frac{\partial p}{\partial y}\right]+f_y = \rho_s\cdot(1-\phi)\frac{D_s v_{sy}}{Dt}+\rho_f\cdot\phi\frac{D_f v_{fy}}{Dt}\\
&-\left[-G\nabla^2 u_z - (\lambda+G)\frac{\partial}{\partial z}\left(\frac{\partial u_x}{\partial x}+\frac{\partial u_y}{\partial y}+\frac{\partial u_z}{\partial z}\right)+\phi\frac{\partial p}{\partial z}\right]+f_z = \rho_s\cdot(1-\phi)\frac{D_s v_{sz}}{Dt}+\rho_f\cdot\phi\frac{D_f v_{fz}}{Dt}
\end{aligned}\right\}
$$

$$(7\text{-}19)$$

　　式 (7-18) 和式 (7-19) 即流固耦合的应力场控制方程, 相比试验中破碎煤岩体所受的轴向压力及渗透压力, 应力场控制方程中的体积力项与惯性力项可忽略不计, 故流固耦合的应力场控制方程可简化为

$$
G\nabla^2 u_i + (\lambda+G)\varepsilon_{V,i} - \phi p_{,i} = 0 \quad (i=1,2,3) \tag{7-20}
$$

$$
\left.\begin{aligned}
&G\nabla^2 u_x + (\lambda+G)\frac{\partial}{\partial x}\left(\frac{\partial u_x}{\partial x}+\frac{\partial u_y}{\partial y}+\frac{\partial u_z}{\partial z}\right)-\phi\frac{\partial p}{\partial x}=0\\
&G\nabla^2 u_y + (\lambda+G)\frac{\partial}{\partial y}\left(\frac{\partial u_x}{\partial x}+\frac{\partial u_y}{\partial y}+\frac{\partial u_z}{\partial z}\right)-\phi\frac{\partial p}{\partial y}=0\\
&G\nabla^2 u_z + (\lambda+G)\frac{\partial}{\partial z}\left(\frac{\partial u_x}{\partial x}+\frac{\partial u_y}{\partial y}+\frac{\partial u_z}{\partial z}\right)-\phi\frac{\partial p}{\partial z}=0
\end{aligned}\right\}
$$

$$(7\text{-}21)$$

　　式 (7-19) 和式 (7-20) 即破碎煤岩体流固耦合的应力场控制方程, 方程式中含有反映破碎煤岩体渗流性质的参数孔隙率 ϕ 与孔隙压力 p。

7.3　渗流场方程

　　由于渗流发生在破碎煤岩体中, 不但岩体中的渗流流体具有一定的渗流速度, 而且岩体骨架颗粒也具有一定的运动速度。由式 (7-3) 给出的渗流流体的绝对速度为

$$
v_f = v_s + v_r \tag{7-22}
$$

　　由流体相对于骨架的相对速度 v_r 及岩体介质的孔隙率 ϕ, 根据 Dupuit-Forchheimer 关系式可得流体相对于固体骨架的比流量, 即渗流速度为 $q_r = \phi \cdot v_r$, 于是得到

$$q_{\mathrm{f}} = q_{\mathrm{r}} + \phi v_{\mathrm{s}} \tag{7-23}$$

7.3.1 非 Darcy 渗流运动方程

对于破碎煤岩体的非 Darcy 渗流，当考虑固体骨架的运动时得到

$$\rho_{\mathrm{f}} c_a \frac{\partial q_{\mathrm{f}}}{\partial t} = -\nabla p - \frac{\mu}{K} q_{\mathrm{r}} - \rho_{\mathrm{f}} \beta |q_{\mathrm{r}}| q_{\mathrm{r}} + f \tag{7-24}$$

由于固体骨架的运动速度 v_{s} 一般很小可忽略不计，由式 (7-23) 可知 $q_{\mathrm{f}} = q_{\mathrm{r}}$，于是式 (7-24) 可改写为

$$\rho_{\mathrm{f}} c_a \frac{\partial q_{\mathrm{r}}}{\partial t} = -\nabla p - \frac{\mu}{K} q_{\mathrm{r}} - \rho_{\mathrm{f}} \beta |q_{\mathrm{r}}| q_{\mathrm{r}} + f \tag{7-25}$$

当渗流时间大于一定值后，渗流达到稳定状态，于是有 $\frac{\partial q_{\mathrm{r}}}{\partial t} = 0$，且式 (7-25) 中的压力梯度项 ∇p 较大，故可忽略体积力项，则式 (7-25) 可简化为

$$-\nabla p = \frac{\mu}{K} q_{\mathrm{r}} + \rho_{\mathrm{f}} \beta |q_{\mathrm{r}}| q_{\mathrm{r}} \tag{7-26}$$

式 (7-26) 即破碎煤岩体非 Darcy 渗流的运动方程。

7.3.2 连续性方程

1. 流体的连续性方程

若不考虑质量源 (汇)，可得流体的连续性方程为

$$\frac{\partial(\rho_{\mathrm{f}} \phi)}{\partial t} + \nabla \cdot (\rho_{\mathrm{f}} \phi v_{\mathrm{f}}) = 0 \tag{7-27}$$

将式 (7-27) 展开，联立式 (7-22) 并略去二阶小量项 $v_{\mathrm{s}} \cdot \nabla$，可得流体的连续性方程为

$$\phi \frac{\partial \rho_{\mathrm{f}}}{\partial t} + \rho_{\mathrm{f}} \frac{\partial \phi}{\partial t} + \nabla(\rho_{\mathrm{f}} \phi v_{\mathrm{r}}) + \rho_{\mathrm{f}} \phi \nabla \cdot v_{\mathrm{s}} = 0 \tag{7-28}$$

2. 固体的连续性方程

类似地，可得固体的连续性方程为

$$\frac{\partial[\rho_s(1-\phi)]}{\partial t} + \nabla \cdot [(1-\phi)\rho_s v_s] = 0 \tag{7-29}$$

将式(7-29)展开，略去 $v_s \cdot \nabla$ 项，再将各项乘以 ρ_f / ρ_s，式(7-29)可改写为

$$\frac{\partial(1-\phi)\rho_s}{\partial t}\frac{\partial \rho_s}{\partial t} - \rho_f\frac{\partial \phi}{\partial t} + (1-\phi)\rho_f\nabla \cdot v_s = 0 \tag{7-30}$$

固体骨架的体应变用 $\varepsilon_V = \varepsilon_x + \varepsilon_y + \varepsilon_z = -u_{i,i} = -\dfrac{\partial u_i}{\partial x_i} = -\left(\dfrac{\partial u_x}{\partial x} + \dfrac{\partial u_y}{\partial y} + \dfrac{\partial u_z}{\partial z}\right)$ 表示，则式(7-30)中

$$\nabla \cdot v_s = -\frac{\partial}{\partial t}(\nabla \cdot u_s) = -\frac{\partial \varepsilon_V}{\partial t} = -\frac{\partial}{\partial t}(u_{i,i}) \tag{7-31}$$

3. 整体的连续性方程

将式(7-28)与式(7-30)相加，可得整体的连续性方程为

$$\phi\frac{\partial \rho_f}{\partial t} - \rho_f\frac{\partial \varepsilon_V}{\partial t} + \frac{(1-\phi)\rho_f}{\rho_s}\frac{\partial \rho_s}{\partial t} + \nabla \cdot (\rho_f\phi v_r) = 0 \tag{7-32}$$

虽然就破碎煤岩体整体而言介质经受变形，但可以认为固体颗粒本身是刚性的，故 $\rho_s = \text{const}$，实际中考虑到水的压缩性和固体骨架的运动速度均较小，式(7-32)可简化为

$$\nabla \cdot (\rho_f\phi v_r) - \rho_f\frac{\partial \varepsilon_V}{\partial t} + \phi\frac{\partial \rho_f}{\partial t} = 0 \tag{7-33}$$

根据等温状态下流体状态方程的转化形式

$$\frac{1}{\rho_f}\frac{\partial \rho_f}{\partial t} = c_f\frac{\partial p}{\partial t} \tag{7-34}$$

式中，c_f 为液体的压缩系数，Pa^{-1}。

将式(7-34)代入式(7-33)可得

$$\nabla \cdot q_r - \frac{\partial \varepsilon_V}{\partial t} + c_f\phi\frac{\partial p}{\partial t} = 0 \tag{7-35}$$

式(7-35)即渗流场控制方程，其中 $\dfrac{\partial \varepsilon_V}{\partial t}$ 是与应力耦合的项。

7.4　辅 助 方 程

要构成破碎煤岩体非 Darcy 渗流流固耦合动力学方程组，需要补充方程来实现该动力学方程组的封闭性，以便对其进行数值求解。在渗流力学中，运动方程和连续性方程是两个基本方程，而辅助方程包括状态方程、渗透参量与孔隙率之间的关系方程等。

7.4.1　状态方程

破碎煤岩体介质的孔隙率[197]为

$$\phi = \frac{\phi_0 - \varepsilon_V}{1 - \varepsilon_V} \tag{7-36}$$

其中，ε_V 为煤岩体的体积应变；ϕ_0 为煤岩体的初始孔隙率。

为方便计算，在式(7-36)中取 ϕ_0 为 ε_V 的线性模型，略去高阶小量得

$$\phi = \phi_0 + (\phi_0 - 1)\varepsilon_V \tag{7-37}$$

式(7-37)为破碎煤岩体的状态方程。

7.4.2　渗透参量与孔隙率之间的关系方程

由第 2 章的试验结果可知，破碎煤岩体的渗透参量(渗透率、非 Darcy 流 β 因子)与其孔隙率满足一定的函数关系，即

$$K = K_r \left(\frac{\phi}{\phi_r} \right)^{m_K} \tag{7-38}$$

$$\beta = \beta_r \left(\frac{\phi}{\phi_r} \right)^{-m_\beta} \tag{7-39}$$

式中，ϕ_r 为对应于试验破碎岩样样本初始孔隙率的孔隙率参考值；K_r 和 β_r 分别为孔隙率 ϕ_r 下的渗透率与非 Darcy 流 β 因子；m_K 和 m_β 分别为反映渗透率与非 Darcy 流 β 因子随孔隙率变化快慢的系数；这些参数均由岩性、颗粒配比、颗粒粒径等决定。

7.5　动力学模型

破碎煤岩体流固耦合动力学模型由动力学方程组以及初始条件和边界条件构

成，其中动力学方程组包括应力场控制方程(7-20)、渗流场运动方程(7-26)、渗流场控制方程(7-35)及辅助方程。

7.5.1　动力学方程组

式(7-20)、式(7-26)、式(7-35)、式(7-37)、式(7-38)及式(7-39)共 6 组方程含有 8 个未知量，分别为位移量 u_x、u_y、u_z、孔隙压力 p、孔隙率 ϕ、渗流速度为 q_r、渗透率 K 及非 Darcy 流 β 因子 β。上述方程组所构成的方程组是封闭的，将上述方程组合写后得到

$$\begin{cases} G\nabla^2 u_i + (\lambda + G)\varepsilon_{V,i} - \phi p_{,i} = 0 \quad (i=1,2,3) \\ -\nabla p = \dfrac{\mu}{K}q_r + \rho_f \beta |q_r| q_r \\ \nabla \cdot q_r - \dfrac{\partial \varepsilon_V}{\partial t} + c_f \phi \dfrac{\partial p}{\partial t} = 0 \\ \phi = \phi_0 + (\phi_0 - 1)\varepsilon_V \\ K = K_r \left(\dfrac{\phi}{\phi_r} \right)^{m_K} \\ \beta = \beta_r \left(\dfrac{\phi}{\phi_r} \right)^{-m_\beta} \end{cases} \tag{7-40}$$

式(7-40)即破碎煤岩体流固耦合渗流动力学控制方程。

7.5.2　初始条件和边界条件

在动力学模型的初始条件和边界条件中，初始条件包括初始孔隙率、初始孔隙压力及初始渗流速度，边界条件包括应力与渗流边界条件。初始条件和边界条件根据具体的实际情况给出。

7.6　渗流稳定性分析

采矿和地下工程的破碎煤岩体常因渗流作用而发生失稳破坏，诱发各种矿井动力灾害。因此，需要采用动力学的方法，结合第 5 章和第 6 章的试验结果对破碎煤岩体渗流稳定性进行相关分析。

破碎煤岩体流固耦合的动力学方程组的精确解很难求解，但当边界的孔隙压力与应力和时间无关时，上述方程组便可解耦。

引入一个位移势函数 $\psi = \psi(x_i, p, t)$，将位移分量表示为

$$u_i = \frac{\partial \psi}{\partial x_i} \tag{7-41}$$

将式(7-41)代入几何方程式(7-11)中，从而有

$$\varepsilon_{ij} = \varepsilon_{ji} = -\frac{1}{2}(u_{i,j} + u_{j,i}) = -\frac{\partial^2 \psi}{\partial x_i \partial x_j} \tag{7-42}$$

由式(7-13)可得

$$\varepsilon_V = -\frac{\partial u_i}{\partial x_i} = -\nabla^2 \psi \tag{7-43}$$

另

$$\nabla^2 u_i = \nabla^2 \frac{\partial \psi}{\partial x_i} = \frac{\partial}{\partial x_i} \nabla^2 \psi \tag{7-44}$$

将式(7-42)~式(7-44)代入应力场控制方程(7-20)中，得

$$(\lambda + 2G)\frac{\partial}{\partial x_i} \nabla^2 \psi - \phi \frac{\partial p}{\partial x_i} = 0 \quad (i = 1,\ 2,\ 3) \tag{7-45}$$

将式(7-45)分别对 x_1、x_2、x_3 进行偏积分，得

$$\nabla^2 \psi = \frac{\phi}{\lambda + 2G} p - g_1(x_2, x_3, t) \tag{7-46}$$

$$\nabla^2 \psi = \frac{\phi}{\lambda + 2G} p - g_2(x_1, x_3, t) \tag{7-47}$$

$$\nabla^2 \psi = \frac{\phi}{\lambda + 2G} p - g_3(x_1, x_2, t) \tag{7-48}$$

由式(7-46)~式(7-48)可知：$g_1(x_2, x_3, t) = g_2(x_1, x_3, t) = g_3(x_1, x_2, t) = g(t)$。这表明，未知函数 $g(t)$ 与点的位置无关，于是式(7-46)~式(7-48)可写为

$$\nabla^2 \psi = \frac{\phi}{\lambda + 2G} p - g(t) \tag{7-49}$$

将式(7-49)代入式(7-43)中，可得

$$\varepsilon_V = -\frac{\phi}{\lambda + 2G} p + g(t) \tag{7-50}$$

此外，由本构方程式(7-14)与有效应力方程式(7-17)，可得

$$\sigma_{11} + \sigma_{22} + \sigma_{33} = (3\lambda + 2G)\varepsilon_V + 3\phi p \tag{7-51}$$

将式(7-51)转化为

$$\varepsilon_V = \frac{\sigma_{ii} - 3\phi p}{(3\lambda + 2G)} \tag{7-52}$$

比较式(7-50)和式(7-52)，可得

$$g(t) = \frac{\sigma_{ii} - 3\phi p}{(3\lambda + 2G)} + \frac{\phi}{\lambda + 2G}p \tag{7-53}$$

对于受到轴向压缩的破碎煤岩体，即沿 x 方向压缩，式(7-53)还可简化。根据应力关系 $\sigma_y' = \sigma_z' = \dfrac{\nu}{1-\nu}\sigma_x' = \dfrac{\nu}{1-\nu}(\sigma_x - \phi p)$ 及等效拉梅常数 $\lambda = \dfrac{\nu E}{(1+\nu)(1-2\nu)}$、$G = \dfrac{E}{2(1+\nu)}$，可得

$$g(t) = \frac{\sigma_x}{\lambda + 2G} = \frac{1-2\nu}{E}\frac{1+\nu}{1-\nu}\sigma_x \tag{7-54}$$

由于 $g(t)$ 与点的位置无关，当边界上的应力分量与时间无关时，则 $g(t) = \text{const}$，此时应力场控制方程便可解耦。将式(7-50)的两边对时间 t 求偏导，可得

$$\frac{\partial \varepsilon_V}{\partial t} = \frac{\partial}{\partial t}\left[-\frac{\phi}{\lambda + 2G}p + g(t)\right] \tag{7-55}$$

破碎煤岩体的孔隙率与时间有关，即孔隙率 ϕ 是时间 t 的函数，于是将状态方程(7-37)对时间 t 求偏导，同时将式(7-55)代入其中，可得

$$\frac{\phi}{\lambda + 2G}\frac{\partial p}{\partial t} + \left(\frac{1}{\phi_0 - 1} + \frac{p}{\lambda + 2G}\right)\frac{\partial \phi}{\partial t} = 0 \tag{7-56}$$

式(7-56)对时间积分得到

$$\phi = \frac{C}{(\phi_0 - 1)p + \lambda + 2G} \tag{7-57}$$

式中，C 为积分常数，该积分常数可由初始孔隙率所对应的边界孔隙压力求得。

由式(7-57)可知，当破碎煤岩体流固耦合问题中的边界孔隙压力与边界应力

不随时间改变时，破碎煤岩体流固耦合方程组可解耦，且孔隙率可用初始孔隙率、等效拉梅常数及孔隙压力来表示。

第 2 章和第 3 章的试验结果揭示了破碎煤岩体的渗流更符合非线性渗流特征，且试验结果中出现了非 Darcy 流 β 因子小于零的现象，基于第 5 章和第 6 章的渗流试验结果，有必要探讨破碎煤岩样非 Darcy 流 β 因子小于零的原因，并对破碎煤岩样渗流稳定性进行分析。由于破碎煤岩体三维非 Darcy 渗流问题的复杂性，而第 5 章和第 6 章试验中破碎煤岩体的渗流为一维渗流，因此只对破碎煤岩样一维非 Darcy 渗流的非线性动力学问题进行分析。

假设破碎煤岩体的渗流方向为竖直方向(沿 x 方向)，将式(7.40)简化为

$$\varepsilon_V = -\frac{\phi}{\lambda + 2G}p + g(t) \tag{7-58}$$

$$-\frac{\partial p}{\partial x} = \frac{\mu}{K}q_x + \rho_f\beta q_x^2 \tag{7-59}$$

$$\frac{\partial q_x}{\partial x} - \frac{\partial \varepsilon_V}{\partial t} + c_f\phi\frac{\partial p}{\partial t} = 0 \tag{7-60}$$

$$\phi = \phi_0 + (\phi_0 - 1)\varepsilon_V \tag{7-61}$$

为得到解耦后的一维非 Darcy 渗流的非线性动力学方程组，由前面分析可知，当边界上的应力分量与时间无关时，$g(t) = \text{const}$，此时应力场控制方程可解耦，则式(7-55)可转化为

$$\frac{\partial \varepsilon_V}{\partial t} = -\frac{\partial}{\partial t}\left(\frac{\phi}{\lambda + 2G}p\right) \tag{7-62}$$

将式(7-62)与式(7-57)代入式(7-60)，可得

$$\frac{\partial q}{\partial x} + \left\{\frac{C}{[(\phi_0 - 1)p + \lambda + 2G]^2} + c_f\frac{C}{(\phi_0 - 1)p + \lambda + 2G}\right\}\frac{\partial p}{\partial t} = 0 \tag{7-63}$$

因此，可得到解耦后的一维非线性动力学方程组为

$$\begin{cases} \dfrac{\partial p}{\partial t} = -\dfrac{1}{\left[\dfrac{C}{[(\phi_0 - 1)p + \lambda + 2G]^2} + \dfrac{c_fC}{[(\phi_0 - 1)p + \lambda + 2G]}\right]}\dfrac{\partial q}{\partial x} \\[1em] \dfrac{\partial q}{\partial t} = -\dfrac{1}{\rho_f c_a}\left[\dfrac{\partial p}{\partial x} + \dfrac{\mu}{K}q + \rho_f\beta q^2\right] \end{cases} \tag{7-64}$$

对式(7-64)进行无量纲变换, 令 $\tilde{p} = \dfrac{p}{p_0}$, $\tilde{t} = \dfrac{\mu}{\rho_0 \beta K H} t$, $\tilde{x} = \dfrac{x}{H}$, $\tilde{q} = \dfrac{\rho_f \beta K}{\mu} q$, 其中 ϕ_0、ρ_0 为参考压力 p_0 对应的孔隙率和流体的质量密度。

则式(7-64)可转化为

$$
\begin{cases}
\dfrac{\partial \tilde{p}}{\partial \tilde{t}} = -\dfrac{a_0}{\left[\dfrac{C}{[\lambda + 2G + (\phi_0 - 1)p_0 \tilde{p}]^2} + \dfrac{Cc_f}{[\lambda + 2G + (\phi_0 - 1)p_0 \tilde{p}]} \right]} \dfrac{\partial \tilde{q}}{\partial \tilde{x}} \\
\dfrac{\partial \tilde{q}}{\partial \tilde{t}} = -a_1 \dfrac{\partial \tilde{p}}{\partial \tilde{x}} - a_2 \tilde{q} - a_3 \tilde{q}^2
\end{cases}
\tag{7-65}
$$

式中, $a_0 = \dfrac{1}{p_0}$, $a_1 = \dfrac{p_0 \rho_f \beta^2 K^2}{\mu^2 c_a}$, $a_2 = \dfrac{\beta H}{c_a}$, $a_3 = a_2$。

由第 5 章和第 6 章的试验条件及结果可知, 破碎煤岩体一维渗流系统的初始条件为: 孔隙压力 $p_0(x) = p_1 + \dfrac{p_2 - p_1}{H} x$, 其中 H 为缸筒内破碎煤岩样的堆积高度, p_1、p_2 分别为破碎煤岩样下端面与上端面相对于大气的孔隙压力, 试验中破碎煤岩样上端面与大气相通, 故 $p_2 = 0$, 渗流速度 $q_0(x) = q_0$; 边界条件: $p|_{x=0} = p_1$, $p|_{x-H} = p_2 = 0$。应力边界值保持不变。

无量纲后破碎煤岩体渗流系统的初始条件为 $\tilde{p}_0(\tilde{x}) = \dfrac{p_1}{p_0} + \dfrac{p_2 - p_1}{p_0} \tilde{x} = \dfrac{p_1(1-\tilde{x})}{p_0}$, $\tilde{q}_0(\tilde{x}) = \dfrac{\rho_f \beta K}{\mu} q_0$, 其中 $\tilde{x} \in [0,1]$; 孔隙压力边界条件为 $\tilde{p}|_{\tilde{x}=0} = p_1/p_0$, $\tilde{p}|_{\tilde{x}=1} = p_2/p_0$, 其中 $p_2 = 0$。

当破碎煤岩体渗流系统平衡时, 由式(7-65)可得

$$
\begin{cases}
\dfrac{\partial \tilde{q}_s}{\partial \tilde{x}} = 0 \\
a_1 \dfrac{\partial \tilde{p}_s}{\partial \tilde{x}} + a_2 \tilde{q}_s + a_3 \tilde{q}_s^2 = 0
\end{cases}
\tag{7-66}
$$

式中, $\tilde{q}_s$ 表示无量纲的渗流速度; $\tilde{p}_s$ 表示无量纲变化后的压力。

根据破碎煤岩体渗流系统的孔隙压力边界条件 $\bar{p}_1|_{\bar{x}=0} = p_1/p_0$, $\bar{p}_2|_{\bar{x}=1} = p_2/p_0$, 其中 $p_2 = 0$, 则可得到系统总的平衡态为

$$
\tilde{p}_s(\tilde{x}) = \dfrac{p_1}{p_0} + \dfrac{p_2 - p_1}{p_0} \tilde{x} = \dfrac{p_1(1-\tilde{x})}{p_0}
\tag{7-67}
$$

$$\tilde{q}_s = \begin{cases} -\dfrac{1}{2} \pm \dfrac{1}{2}\sqrt{1 + \dfrac{4\rho_{\mathrm{f}}\beta K^2 p_1}{\mu^2 H}} & \text{当 } 1 + \dfrac{4\rho_{\mathrm{f}}\beta K^2 p_1}{\mu^2 H} > 0 \\[4mm] -\dfrac{1}{2} & \text{当 } 1 + \dfrac{4\rho_{\mathrm{f}}\beta K^2 p_1}{\mu^2 H} = 0 \\[4mm] \text{不取值} & \text{当 } 1 + \dfrac{4\rho_{\mathrm{f}}\beta K^2 p_1}{\mu^2 H} < 0 \end{cases} \tag{7-68}$$

当 $1 + \dfrac{4\rho_{\mathrm{f}}\beta K^2 p_1}{\mu^2 H} < 0$ 时，式 (7-68) 中经过无量纲演化的渗流速度会趋于负无穷远处。当 $\beta < 0$ 时，满足 $1 + \dfrac{4\rho_{\mathrm{f}}\beta K^2 p_1}{\mu^2 H} < 0$，式 (7-64) 中的非 Darcy 渗流系统的运动将会失去稳定性，系统不存在平衡态，即破碎岩样渗流系统失去稳定性。因此，试验中部分破碎岩样非 Darcy 流 β 因子小于零，这就意味着破碎岩样会出现渗流失稳的现象。

由上述分析得到破碎煤岩体发生渗流失稳的条件为

$$1 + \frac{4\beta K^2 \rho_{\mathrm{f}} G_p}{\mu^2} < 0 \tag{7-69}$$

由式 (7-67) 可得到破碎煤岩体渗流失稳时的临界压力梯度值，即

$$G_p^* = \frac{\mu^2}{4\rho_{\mathrm{f}}\beta K^2} \tag{7-70}$$

破碎岩样渗流过程中出现的临界压力梯度值可作为判断突水或煤与瓦斯突出危险性的指标。采用试验的方式能够获取破碎岩样的临界压力梯度值，为预防突水或煤与瓦斯突出等矿井灾害的发生提供试验数据。

7.7　破碎煤岩流固耦合模型数值分析

本章运用多孔介质理论与流固耦合动力学理论建立了破碎煤岩体流固耦合渗流动力学模型，并通过解耦方法及条件对该模型进行了简化，对破碎煤岩样一维非 Darcy 渗流的非线性动力学问题进行分析，得到破碎煤岩体渗流系统总的平衡态，给出了破碎煤岩体渗流失稳的条件。但所建立的动力学模型应具有数值解，且所得解应与试验结果相吻合。因此，本章将运用数值软件 COMSOL Multiphysics 建立相应的数值模型，对本章中建立的动力学模型进行求解，分析对比相关参量的数值模型计算结果与试验结果，以检验所建立力学模型的正确性。

7.7.1　数值仿真软件简介

COMSOL Multiphysics 是由瑞典 COMSOL 公司开发的一款基于有限元计算方法的大型高级数值仿真软件[240,241]，在各个领域的工程研究及计算中得到了较为广泛的应用，被称为"全球第一款真正的任意多物理场耦合分析软件"。作为一款大型高级数值仿真软件，COMSOL Multiphysics 致力于解决多物理场的耦合问题，通过求解计算偏微分方程或方程组来模拟真实的物理现象。COMSOL Multiphysics 具有高度的开放性、杰出的易用性以及优秀的计算性能等特点，能够实现任意多物理场高精度的数值仿真计算，被公认为数值仿真领域的领军者。

COMSOL Multiphysics 以其高效的计算性能和杰出的多场直接耦合分析能力实现了任意多物理场高度精确的数值仿真，在全球领先的数值仿真领域广泛应用于声学、生物科学化学反应、电磁学、流体动力学、燃料电池、地球科学、热传导、微系统、微波工程、光学、光子学、多孔介质、量子力学、射频、半导体、结构力学、传动现象、波的传播等工程分析中。

COMSOL Multiphysics 是多场耦合计算的伟大创举，它具有完善的理论基础、丰富的计算方法，兼具功能性、灵活性和实用性于一体，并且可以通过附加专业的求解模块进行极为方便的应用拓展。多物理场应用模式包括 AC/DC 模块、声学模块、CAD 导入模块、化学工程模块、结构力学模块、热传导模块、地球科学模块、优化模块及材料库等，同时，用户还可以自主选择需要的物理场并定义它们之间的相互关系[242]。

COMSOL Multiphysics 基本操作流程如下：

1)设置好需要进行仿真计算的模型，列出模型中需要用到的偏微分方程组，给出相应的参数值以及边界条件和初始条件。

2)打开 COMSOL Multiphysics 软件,按照所需的偏微分方程组选取相应的模块。

3)根据拟定仿真模型的尺寸设定好工作空间的大小。

4)设定计算中所需常数，即模型中已知常数。

5)根据设定的模型尺寸画出建模几何图案。

6)设定相应的物理参数及边界条件。

7)划分网格，选择合适的网格大小对模型进行划分。

8)求解。

9)后处理。

7.7.2　数值计算模型与网格划分

通过建立数值计算模型来求解 7.5 节中的式(7-40)所得到的动力学模型,借助 COMSOL Multiphysics 软件研究破碎煤岩体渗流过程中各渗透参量的变化规律。

建立长为 15m、高为 20m 的二维数值计算模型，如图 7-1 所示。考虑物体几何形状与网格变形梯度，根据有限元方法的结构离散化思想，将二维几何模型进行离散化，并利用简化三角形单元来近似逼近连续体，共划分 1526 个单元，平均网格质量 0.988，如图 7-2 所示。

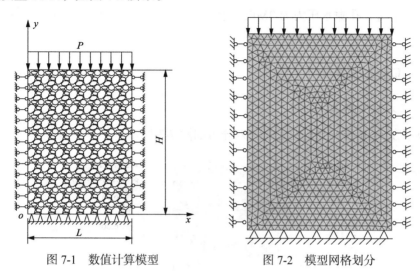

图 7-1　数值计算模型　　　　　　　图 7-2　模型网格划分

7.7.3　数值模型计算参数

模型的主要参数取值，如表 7-1 所示。

表 7-1　模型主要计算参数取值

计算参数	取值	计算参数	取值
弹性模量 E	1000MPa	初始孔隙压力 p_0	2MPa
泊松比 υ	0.25	初始孔隙率 ϕ_0	0.2
破碎煤岩体密度 ρ_s	2000kg/m³	初始渗透率 K_0	2.0×10^{-11}m²
流体密度 ρ_f	1000kg/m³	初始非 Darcy 流 β 因子	1.0×10^{12}m⁻¹
流体动力黏度 μ	1.005×10^{-3}Pa·s	Biot 系数 α	1.0

7.7.4　定解条件

1. 边界条件

渗流边界：数值模型的下边界水压力为 p，根据试验条件，下边界水压力赋值为 $p=2.0$MPa，上边界为渗流出口且与大气相连通，压力为大气压，左右边界为不透水边界。

应力边界：模型的顶部为上边界，施加 10MPa 的均布荷载，方向垂直向下。
位移边界：下边界为纵向约束，左右边界为横向约束。

2. 初始条件

模型下边界孔隙水压力为 2MPa，上边界孔隙水压力为 0MPa，应力场初始位
移 u_i=0。

7.7.5　数值模拟结果分析

1. 应力变化规律

模型在 t=1h 和 t=10h 时刻的应力分布如图 7-3 所示。

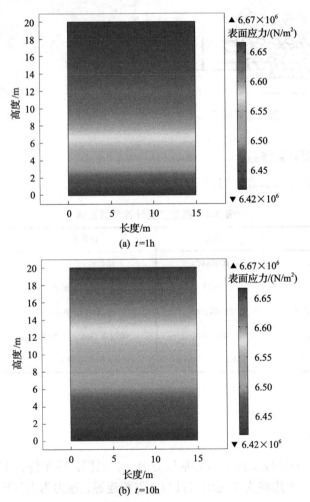

(a) t=1h

(b) t=10h

图 7-3　应力分布

从图 7-3 中可以看出，在顶部荷载 P 与孔隙压力 p 共同作用的初期，模型底部应力较小，顶部应力出现最大值，随着时间的增加，模型所受应力逐渐减小，这是因为在顶部荷载与孔隙压力的共同作用下，二者可以相互抵消，当作用时间达到一定限度时，模型所受应力最终保持不变。

2. 孔隙压力变化规律

图 7-4 给出了模型在不同时刻的孔隙压力分布图，图 7-5 为孔隙压力随时间的变化曲线。

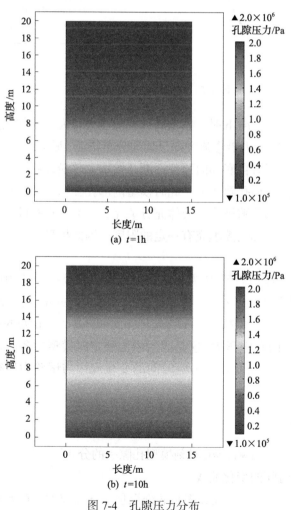

(a) $t=1$h

(b) $t=10$h

图 7-4　孔隙压力分布

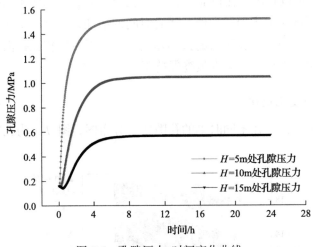

图 7-5　孔隙压力-时间变化曲线

由图 7-4 可知，在 t=1h 时，模型底部孔隙压力较大，顶部孔隙压力为大气压力，且模型中的孔隙压力沿渗流方向呈均匀分布特征，随着时间的增加，当 t=10h 时，模型中的孔隙压力自底部向顶部逐渐开始增大并最终趋于稳定。这是由于开始阶段在模型底部施加孔隙压力，此时模型内部孔隙结构相对稳定，随着渗流时间的增加，模型内部孔隙被渗流液体充分填充，进而使得孔隙压力自模型底部向顶部逐渐增大，但内部孔隙填充有一定的限度，因此模型中的孔隙压力最终趋于稳定。

图 7-5 给出了模型高度 H 为 5m、10m 及 15m 处孔隙压力随时间的变化曲线，从图中可以看出，当 t<4h 时，孔隙压力随时间的增加急剧增大，当 t>4h 时，孔隙压力缓慢增大并趋于一个稳定值。此外，H 为 5m 处的孔隙压力大于 H 为 10m 与 15m 处的孔隙压力，这是因为渗流稳定时模型中各点的孔隙压力沿渗流方向线性下降。上述孔隙压力随时间的变化规律与试验中所得到的变化规律一致。

3. 孔隙率变化规律

图 7-6 给出了 t=1h 和 t=4h 时刻模型孔隙率的分布图，图 7-7 给出了模型中 A 点处的孔隙率随时间的变化曲线。

由图 7-6 可知，模型中孔隙率自底部至顶部逐渐增大，在 t=1h 时，模型的中上部孔隙率较大，底部孔隙率较小，当 t=4h 时，模型孔隙率整体逐渐减小，这是因为在顶部荷载 P 和孔隙压力 p 长时间共同作用下，模型中体应变缓慢增大，进而引起孔隙率的整体减小。从图 7-7 可以看出，模型中 A 点的孔隙率随时间的增加呈减小趋势，在 t=4h 之前，孔隙率减小的幅度较大，t=4h 之后孔隙率缓慢减小并最终趋于稳定。模型中孔隙率随时间的变化规律与第 2 章试验中得到的结果完全一致。

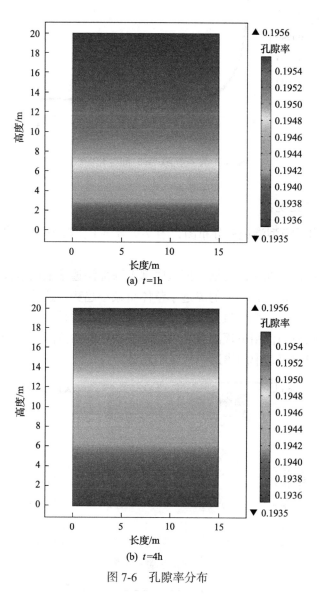

(a) t=1h

(b) t=4h

图 7-6　孔隙率分布

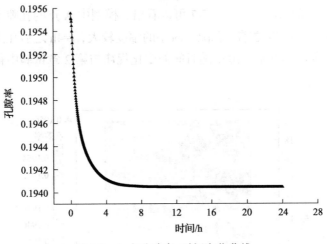

图 7-7　A 点孔隙率–时间变化曲线

4. 渗透率变化规律

图 7-8 给出了模型渗透率分布图, 图 7-9 给出了模型中 A 点渗透参量与时间的变化曲线。

由图 7-8 可知, 在渗流初期, 模型底部至顶部渗透率依次增大, 随着渗流时间的增加, 在 $t=10\text{h}$ 时, 模型的渗透率整体呈减小趋势。这是由于在渗流初期, 模型中的孔隙率较大, 渗流阻力较小, 但随着时间的增长, 模型中的孔隙率在顶部荷载和孔隙压力的作用下逐渐减小, 此时模型中的渗流阻力开始增大, 因此, 随着渗流时间增加模型中的渗透率呈减小趋势。

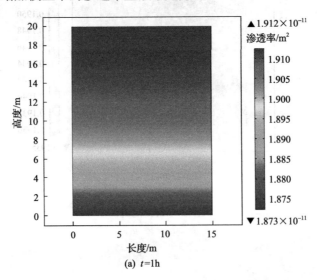

(a) $t=1\text{h}$

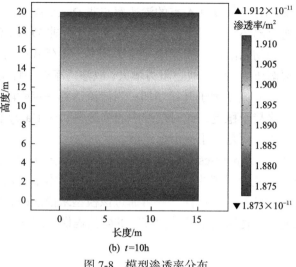

(b) $t=10\mathrm{h}$

图 7-8　模型渗透率分布

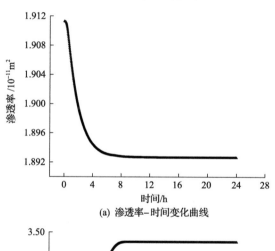

(a) 渗透率–时间变化曲线

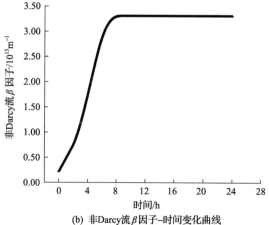

(b) 非Darcy流 β 因子–时间变化曲线

图 7-9　A 点渗透参量–时间变化曲线

从图 7-9 可以看出，模型中 A 点的渗透率与非 Darcy 流 β 因子随渗流时间的增长呈现不同的变化趋势，随时间的增长渗透率减小而非 Darcy 流 β 因子增加。这主要是因为在渗流初始阶段，模型中孔隙率较大，在荷载作用下，模型中孔隙结构快速调整并逐渐压密，渗流通道阻力增大，故渗透率减小幅度较大，非 Darcy 流现象明显，非 Darcy 流 β 因子开始增加；当渗流达到一定阶段，模型中的孔隙结构充分调整并最终趋于稳定，此时模型中的渗透率和非 Darcy 流 β 因子随时间的增长不再大幅变化，而是趋于一个稳定值。

通过 COMSOL Multiphysics 软件计算得到的模型孔隙压力、孔隙率及渗透参量的变化规律与室内试验得到的结果基本吻合，证明了本章所建立的破碎煤岩体流固耦合渗流动力学模型的合理性，并可通过该模型来描述破碎煤岩体的渗流特性，为煤矿突水或煤与瓦斯突出等动力灾害的防治提供一定的借鉴。

参 考 文 献

[1] 彭苏萍. 中国煤炭资源开发与环境保护[J]. 科技导报, 2009, 27(17): 3.

[2] 缪协兴, 刘卫群, 陈占清. 采动岩体渗流理论[M]. 北京: 科学出版社, 2003.

[3] 王修才. 我国煤矿安全事故时空分布分形特征研究[D]. 衡阳: 南华大学, 2014.

[4] 许鸿杰. 煤与瓦斯突出及持续发生的多尺度理论研究[D]. 西安: 西安科技大学, 2010.

[5] 李树刚, 张天军. 高瓦斯矿煤岩力学性态及非线性失稳机理[M]. 北京: 科学出版社, 2011.

[6] Hirt A M, Shakoor A. Determination of unconfined compressive strength of coal for pillar design[J]. Mining Engineering, 1992(8): 1037-1041.

[7] Medhurst T P, Brown E T. A study of the mechanical behavior of coal for pillar design[J]. International Journal of Rock Mechanics & Mining Sciences, 1998, 35(8): 1087-1104.

[8] Unrug K F, Nandy S, Thompson E. Evaluation of the coal strength for pillar calculation[J]. Trans, SEMAIME, 1986, (280): 2071-2075.

[9] Townsend J M, Jenning W C, Haycocks C, et al. A relationship between the ultimate compressive strength of cubes an cylinders for coal specimens[A]. American Rock Mechanics Association, 1977.

[10] Khair A W. The effect of coefficient of friction on strength of model coal pillar[D]. West Virginia University, 1968.

[11] 彭光忠. 单轴压应力下页岩岩块的结构面方向与其力学特性的关系[J]. 岩土工程学报, 1983, 5(2): 101-109.

[12] 许江, 李贺, 鲜学福, 等. 对单轴应力状态下砂岩微观断裂发展全过程的实验研究[J]. 力学与实践, 1986, 8(4): 24-28.

[13] 杨更社, 谢定义, 张长庆, 等. 岩石单轴受力 CT 识别损伤本构关系的探讨[J]. 岩土力学, 1997, 18(2): 29-34.

[14] 黎寺云, 车法星, 卢晋福, 等. 单压下类岩材料有序多裂纹体的宏观力学性能[J]. 北京科技大学学报, 2001, 23(3): 199-203.

[15] 付晓敏. 典型岩石单轴压缩变形及声发射特性试验研究[J]. 成都理工大学学报(自然科学版), 2005, 32(1): 17-21.

[16] 梁正召, 唐春安, 李厚祥, 等. 单轴压缩下横观各向同性岩石破裂过程的数值模拟[J]. 岩土力学, 2005, 26(1): 57-62.

[17] 刘宝深, 张家生, 杜奇中, 等. 岩石抗压强度的尺寸效应[J]. 岩石力学与工程学报, 1998, 17(6): 611-614.

[18] 李志刚, 付胜利, 乌效鸣, 等. 煤岩力学特性测试与煤层气井水力压裂力学机理研究[J]. 石油钻探技术, 2000, 28(3): 11-12.

[19] 闫立宏, 吴基文. 煤岩单轴压缩试验研究[J]. 矿业安全与环保, 2001, 28(2): 14-16.

[20] 肖红飞, 何学秋, 冯涛, 等. 单轴压缩煤岩变形破裂电磁辐射与应力耦合规律的研究[J]. 岩石力学与工程学报, 2004, 23(23): 3948-3953.

[21] 潘结南. 煤岩单轴压缩变形破坏机制及与其冲击倾向性的关系[J]. 煤矿安全, 2006, 37(8): 1-4.

[22] 刘保县, 赵宝云, 姜永东, 等. 单轴压缩煤岩变形损伤及声发射特性研究[J]. 地下空间与工程学报, 2007, 3(4): 647-650.

[23] 刘保县, 黄敬林, 王泽云, 等. 单轴压缩煤岩损伤演化及声发射特性研究[J]. 岩石力学与工程学报, 2009, 28(增1): 3234-3238.

[24] 郭东明, 杨仁树, 张涛, 等. 煤岩组合体单轴压缩下的细观-宏观破坏演化机理[C]. 深部岩体力学与工程灾害控制学术研讨暨中国矿业大学, 2009.

[25] 杨花, 刘建忠, 包宏涛. 单轴压缩下煤岩损伤研究[J]. 矿业研究与开发, 2009(6): 17-21.

[26] 赵恩来, 王恩元, 刘贞堂, 等. 煤岩单轴压缩过程电磁辐射的数值模拟研究[J]. 中国矿业大学学报, 2010, 39(5): 648-651.

[27] 唐书恒, 颜志丰, 朱宝存, 等. 饱和含水煤岩单轴压缩条件下的声发射特征[J]. 煤炭学报, 2010(1): 37-41.

[28] 赵洪宝, 李振华, 仲淑姮, 等. 单轴压缩状态下含瓦斯煤岩力学特性试验研究[J]. 采矿与安全工程学报, 2010, 27(1): 131-134.

[29] 颜志丰, 据宜文, 后泉林, 等. 基于煤层压裂模拟的水饱和煤样单轴力学试验研究[A]. 中国煤层气技术进展, 2011, 4(5): 74-81.

[30] 秦虎, 黄滚, 王维忠. 不同含水率煤岩受压变形破坏全过程声发射特征试验研究[J]. 岩石力学与工程学报, 2012, 31(6): 1115-1121.

[31] 刘京红, 姜耀东, 赵毅鑫, 等. 煤岩破裂过程 CT 图像的分形描述[J]. 北京理工大学学报, 2012, 32(12): 1219-1222.

[32] 王剑波, 朱珍德, 刘金辉. 单轴压缩下煤岩尺寸效应的试验及理论研究[J]. 水电能源科学, 2013(1): 50-52.

[33] 潘一山, 唐治, 李忠华, 等. 不同加载速率下煤岩单轴压缩电荷感应规律研究[J]. 地球物理学报, 2013, 56(3): 1043-1048.

[34] 刘刚, 李明. 煤岩单轴与三轴压缩试验研究[J]. 煤矿安全, 2013, 44(7): 4-6.

[35] 刘恺德, 刘泉声, 朱元广, 等. 考虑层理方向效应煤岩巴西劈裂及单轴压缩试验研究[J]. 岩石力学与工程学报, 2013, 32(2): 308-316.

[36] 高保彬, 李回贵, 刘云鹏. 单轴压缩下煤岩声发射及分形特征研究[J]. 地下空间与工程学报, 2013, 9(5): 986-991.

[37] 李回贵, 高保彬, 李化敏. 单轴压缩下煤岩宏观破裂结构及声发射特性研究[J]. 地下空间与工程学报, 2015, 11(3): 612-618.

[38] 徐军, 肖晓春, 潘一山, 等. 基于 J 积分的颗粒煤岩单轴压缩下裂纹扩展研究[J]. 物理学报, 2014, 63(21): 217-224.

[39] 朱传奇, 马海峰, 张晓飞, 等. 单轴压缩下单一闭合裂纹对煤岩体破裂行为的影响[J]. 煤矿安全, 2014, 45(10): 169-172.

[40] 梁鹏, 张艳博, 田宝柱, 等. 单轴压缩煤岩裂纹开裂扩展演化特性实验研究[J]. 煤矿开采, 2015(2): 8-12.

[41] 孙超群, 程国强, 李术才, 等. 基于 SPH 的煤岩单轴加载声发射数值模拟[J]. 煤炭学报, 2014, 39(11): 2183-2189.

[42] 李保林, 王恩元, 李忠辉, 等. 煤岩破裂过程表面电位云图软件开发及应用[J]. 煤炭学报, 2015, 40(7): 1562-1568.

[43] 张辛亥, 张康, 丁峰, 等. 低温下煤岩体力学特性实验研究[J]. 煤矿安全, 2016, 47(1): 41-43.

[44] 任晓龙, 张海江, 张晓云, 等. 煤岩单轴力学特性层理结构效应研究[J]. 煤炭技术, 2017, 36(1): 63-65.

[45] Evans I, Pomeroy C D. The compressive strength of coal[J]. Colliery Eng., 1961, 38: 75-75.

[46] Hobbs D W. The strength and stress-strain characteristics of coal in triaxial compression[J]. The Journal of Geology, 1964, 72(2): 214-231.

[47] Bieniawaski Z T. The effect of specimen size on compression strength in coal[J]. International Journal of Rock Mechanics & Mining Sciences, 1968, 5: 325-333.

[48] Atkinson R H, Ko H Y. Strength characteristics of US coal[A]. Proc. 18th. Symp. Rock Mech., Colorado School of Mines Press Golden, 1977, 2B: 1-3.

[49] Ettinger I L, Lamba E G. Gas medium in coal breaking process[J]. Fuel, 1957, 36: 298-302.

[50] Tankard H G. The effect of sorbed carbon dioxide upon the strength of coals[A]. M. Sci. Thesis, The University of Sydney, Australia, 1957.

[51] White J M. Mode of deformation of Rosebud coal, Colstrip, Montana: room temperature, 102.0MPa[J]. International Journal of Rock Mechanics and Mining Science & Geomechanics Abstracts, 1980, 17(2): 129-130.

[52] Medhurst T P, Brown E T. A study of the mechanical behavior of coal for pillar design[J]. International Journal of Rock Mechanics & Mining Sciences, 1998, 35(8): 1087-1104.

[53] Deisman N, Gentzis T, Richard J. Unconventional geomechanical testing on coal for coalbed reservoir well design: the Alberta Foothills and Plains[J]. International Journal of Coal Geology, 2008, 75(1): 15-26.

[54] 靳钟铭, 宋选民, 薛亚东, 等. 顶煤压裂的实验研究[J]. 煤炭学报, 1999, 24(1): 29-33.

[55] 杨永杰, 宋扬, 陈绍杰, 等. 煤岩强度离散性及三轴压缩试验研究[J]. 岩土力学, 2006, 27(10): 1763-1766.

[56] 孟召平, 彭苏萍, 凌灿标. 不同侧压下沉积岩石变形与强度特征[J]. 煤炭学报, 2000, 25(1): 15-18.

[57] 王宏图, 鲜学福, 贺建民, 等. 层状复合煤岩的三轴力学特性研究[J]. 矿山压力与顶板管理, 1999(1): 81-83.

[58] 孔海陵, 王路珍, 佘斌, 等. 含瓦斯煤体破裂过程围压效应研究[J]. 煤矿安全, 2012, 12(2): 9-11.

[59] 刘泉声, 刘恺德, 朱杰兵, 等. 高应力下原煤三轴压缩力学特性研究[J]. 岩石力学与工程学报, 2014, 33(1): 24-34.

[60] 刘恺德. 高应力下含瓦斯原煤三轴压缩力学特性研究[J]. 岩石力学与工程学报, 2017, 36(2): 380-393.

[61] 艾婷, 张茹, 刘建锋, 等. 三轴压缩煤岩破裂过程中声发射时空演化规律[J]. 煤炭学报, 2011, 36(12): 2048-2056.

[62] 王德超. 岩石三轴压缩破裂失稳的声发射突变特征及预测研究[D]. 青岛: 山东科技大学, 2011.

[63] 徐涛, 杨天鸿, 唐春安, 等. 孔隙压力作用下煤岩破裂及声发射特性的数值模拟[J]. 岩土力学, 2004, 25(10): 1560-1574.

[64] 唐治, 潘一山, 李忠华, 等. 煤岩破裂过程中电荷感应机理分析[J]. 岩土工程学报, 2013, 35(6): 1156-1160.

[65] 尹光志, 王登科, 张东明. 两种含瓦斯煤样变形特性与抗压强度的实验分析[J]. 岩石力学与工程学报, 2009, 28(2): 410-417.

[66] 尹光志, 王登科, 张东明, 等. 基于内时理论的含瓦斯煤岩损伤本构模型研究[J]. 岩土力学, 2009, 30(4): 885-889.

[67] 尹光志, 王登科. 含瓦斯煤岩耦合弹塑性损伤本构模型研究[J]. 岩石力学与工程学报, 2009, 28(5): 993-999.

[68] 王登科, 尹光志, 张东明. 含瓦斯煤岩三维蠕变模型与稳定性分析[J]. 重庆大学学报, 2009, 32(11): 1316-1320.

[69] 王登科, 尹光志, 刘建, 等. 三轴压缩下含瓦斯煤岩弹塑性损伤耦合本构模型[J]. 岩土工程学报, 2010, 32(1): 55-60.

[70] 王登科, 刘建, 尹光志, 等. 三轴压缩下含瓦斯煤样蠕变特性试验研究[J]. 岩石力学与工程学报, 2010, 29(2): 349-357.

[71] 李小双, 尹光志, 赵洪宝, 等. 含瓦斯突出煤三轴压缩下力学性质试验研究[J]. 岩石力学与工程学报, 2010, 9(增1): 3350-3358.

[72] 王维忠, 尹光志, 王登科, 等. 三轴压缩下突出煤粘弹塑性蠕变模型[J]. 重庆大学学报, 2010, 33(1): 99-103.

[73] 王维忠, 尹光志, 赵洪宝, 等. 含瓦斯煤岩三轴蠕变特性及本构关系[J]. 重庆大学学报, 2009, 32(2): 197-201.

[74] 刘雄. 岩石流变学概论[M]. 北京: 地质出版社, 1994.

[75] 边金. 可描述加速蠕变的流变力学组合模型和煤岩的蠕变试验研究[D]. 重庆: 重庆大学, 2002.

[76] Swindemana R W, Swindeman M J. A comparison of creep models for nickel base alloys for advanced energy systems[J]. Pressure Vessels and Piping, 2008, 85: 72-79.

[77] Takahashi Y. Study on creep-fatigue evaluation procedures for high chromium steels—Part II: Sensitivity to calculated deformation[J]. Pressure Vessels and Piping, 2008, 85: 423-440.

[78] Yamamoto M, Miura N, Ogata T. Applicability of C parameter in assessing Type IV creep cracking in Mod.9Cr–1Mo steel welded joint[J]. Engineering Fracture Mechanics, 2010, 77: 3022-3034.

[79] Wolf C, Kauermann R, Hiibner H, et al. Effect of mullite-zirconia additions on the creep behaviour of high-alumina refractories[J]. Journal of the European Ceramic Society, 1995, 15: 913-920.

[80] Sato H, Aoki H, Miura T, et al. Creep analysis of lump coke deformation behaviour during coal carbonization[J]. Fuel, 1997, 76(4):311-319.

[81] Chan K S. A damage mechanics treatment of creep failure in rock salt[J]. International Journal of Damage Mechanics, 1997, 6: 122-152.

[82] 曹树刚, 边金, 李鹏. 软岩蠕变试验与理论模型分析的对比[J]. 重庆大学学报, 2002, 25(7): 95-98.

[83] Silberschmidt V G, Silberschmidt V V. Analysis of cracking in rock salt[J]. Rock Mechanics and Rock Engineering, 2000, 33(1): 53-70.

[84] Griggs D T. Creep of rocks[J]. Journal of Geology, 1939, 47: 225-251.

[85] 梁卫国, 赵阳升, 徐素国, 等. 240℃内盐岩物理力学特性的实验研究[J]. 岩石力学与工程学报, 2004, 23(14): 2365-2369.

[86] 陈锋, 李银平, 杨春和. 云应盐矿盐岩蠕变特性试验研究[J]. 岩石力学与工程学报, 2006, 25(1): 3022-3027.

[87] 李娜, 曹平, 衣永亮, 等. 分级加卸载下深部岩石流变实验及模型[J]. 中南大学学报(自然科学版), 2011, 42(11): 3465-3471.

[88] 范秋雁, 阳克青, 王渭明, 等. 泥质软岩蠕变机制研究[J]. 岩石力学与工程学报, 2010, 29(8): 1555-1561.

[89] 刘东燕, 赵宝云, 刘保县, 等. 深部灰岩单轴蠕变特性试验研究[J]. 土木建筑与环境工程, 2010, 32(4): 33-37.

[90] 谌文武, 原鹏博, 刘小伟, 等. 分级加载条件下红层软岩蠕变特性试验研究[J]. 岩石力学与工程学报, 2009, 28(1): 3076-3081.

[91] 蒋海飞, 刘东燕, 黄伟, 等. 高围压下不同孔隙水压作用岩石蠕变特性及改进西原模型[J]. 岩土工程学报, 2014, 36(3): 443-451.

[92] 赵宝云, 刘东燕, 郑颖人, 等. 红砂岩单轴压缩蠕变试验及模型研究[J]. 采矿与安全工程学报, 2013(5): 744-747.

[93] 高延法, 范庆忠, 崔希海, 等. 岩石流变及其扰动效应试验研究[M]. 北京: 科学出版社, 2007.

[94] 高延法, 曲祖俊, 牛学良, 等. 深井软岩巷道围岩流变与应力场演变规律[J]. 煤炭学报, 2007, 32(12): 1244-1252.

[95] 许富贵. 深部巷道围岩温度流变耦合及开采致堤坝变形的数值模拟[D]. 北京: 北京工业大学, 2007.

[96] 孟庆彬, 韩立军, 乔卫国, 等. 深部高应力软岩巷道围岩流变数值模拟研究[J]. 采矿与安全工程学报, 2012, 29(6): 762-769.

[97] 张培森, 林东才, 杨健, 等. 基于岩体时间效应的深部变间距骑跨采巷道稳定性模拟[J]. 山东科技大学学报(自然科学版), 2012, 31(6): 10-14.

[98] 王永刚, 任伟中. 软弱围岩的蠕变损伤特性及最佳支护时间[J]. 中国铁道科学, 2007, 28(1): 50-55.

[99] 李海良, 于海成, 么红超, 等. 软岩巷道工程的最佳支护时间和最佳支护时段[J]. 中国高新技术企业, 2008(11): 190.

[100] 周先齐, 常晓菁, 陈自力, 等. 大型地下洞室围岩最佳支护时间的判定[J]. 厦门理工学院学报, 2014(3): 87-92.

[101] 岳世权, 李振华, 张光耀. 煤岩蠕变特性试验研究[J]. 河南理工大学学报, 2005, 24(4): 271-274.

[102] 王旭东, 付小敏. 蚀变岩的蠕变特性研究[J]. 工程地质学报, 2008, 16(1): 27-31.

[103] 曹树刚, 鲜学福. 煤岩蠕变损伤特性的实验研究[J]. 岩石力学与工程学报, 2001, 20(6): 817-821.

[104] 张玉军, 刘谊平. 正交各向异性岩体中地下洞室稳定的黏弹-黏塑性三维有限元分析[J]. 岩土力学, 2002, 23(3): 278-283.

[105] 张小涛, 窦林名, 李志华. 煤岩体蠕变突变模型[J]. 中国煤炭, 2005, 31(1): 4, 37-40.

[106] Fabre G, Pellet F. Creep and time-dependent damage in argillaceous rocks[J]. International Journal of Rock mechanics and mining sciences, 2006, 43(6): 950-960.

[107] 付志亮, 高延法, 宁伟, 等. 含油泥岩各向异性蠕变研究[J]. 采矿与安全工程学报, 2007, 24(3): 353-356.

[108] Dubey R K, Gairola V K. Influence of structural anisotropy on creep of rocksalt from Simla Himalaya, India: An experimental approach[J]. Journal of Structural Geology, 2008, 30(6): 710.

[109] 陈绍杰, 郭惟嘉, 杨永杰. 煤岩蠕变模型与破坏特征试验研究[J]. 岩土力学, 2009, 30(9): 2595-2599.

[110] 艾巍, 范翔宇, 康海涛. 煤岩蠕变模型的建立及应用[J]. 内蒙古石油化工, 2010, 14: 7-10.

[111] 张耀平, 曹平, 赵延林. 软岩粘弹塑性特性及非线性模型[J]. 中国矿业大学学报, 2009, 38(1): 34-40.

[112] 尹光志, 赵洪宝, 张东明, 等. 突出煤三轴蠕变特性及本构方程[J]. 重庆大学学报(自然科学版), 2008, 31(8): 946-950.

[113] 王维忠, 尹光志, 王登科, 等. 三轴压缩下突出煤黏弹塑性蠕变模型[J]. 重庆大学学报(自然科学版), 2010, 33(1): 99-103.

[114] 杨小彬, 李洋, 李天洋, 等. 煤岩非线性损伤蠕变模型探析[J]. 辽宁工程技术大学学报(自然科学版), 2011, 30(2): 172-174.

[115] 范翔宇, 张千贵, 艾巍, 等. 煤岩储气层岩石蠕变特性与本构模型研究[J]. 岩石力学与工程学报, 2013(z2): 3732-3739.

[116] Darcy H. Les Fontaines Publiques de la Ville de Dijon[M]. Dalmont, Paris, 1856.

[117] 陆同兴. 非线性物理概论[M]. 合肥: 中国科学技术大学出版社, 2002.

[118] 王卓甫. 堆石渗流研究述评[J]. 水利水运科学研究, 1990, 4: 445-452.

[119] Hubbert M K. The theory of ground water motion[J]. Transactions American Geophysical Union, 1940, 21(2): 648.

[120] Johnson H A. Flow through rockfill dams[J]. Journal of the Soil Mechanics & Foundations Division, 1971, 97(2): 329-340.

[121] Legrand J. Revisited analysis of pressure drop in flow through crushed rocks[J]. Journal of Hydraulic Engineering, 2002, 128(11): 1027-1031.

[122] Moutsopoulos K N, Papaspyros J, Tsihrintzis V A. Experimental investigation of inertial flow processes in porous media[J]. Journal of Hydrology, 2009, 374(3-4): 242-254.

[123] Tzelepis V, Moutsopoulos K N, Papaspyros J N E, et al. Experimental investigation of flow behavior in smooth and rough artificial fractures[J]. Journal of Hydrology, 2015, 521(2): 108-118.

[124] 斯蒂芬森 D. 堆石工程水力计算[M]. 北京: 海洋出版社, 1984.

[125] 徐天有, 张晓宏, 孟向一. 堆石体渗透规律的试验研究[J]. 水利学报, 1998, 29(S1): 81-84.

[126] Yamada H, Nakamura F, Watanabe Y, et al. Measuring hydraulic permeability in a streambed using the packer test[J]. Hydrological Processes, 2005, 19(13): 2507-2524.

[127] 邱贤德, 阎宗岭, 姚本军, 等. 堆石体渗透特性的试验研究[J]. 四川大学学报(工程科学版), 2003, 35(2): 6-9.

[128] 邱贤德, 阎宗岭, 刘立, 等. 堆石体粒径特征对其渗透性的影响[J]. 岩土力学, 2004, 25(6): 950-954.

[129] 高玉峰, 王勇. 饱和方式和泥岩含量对堆石料渗透系数的影响[J]. 岩石力学与工程学报, 2007, 26(S1): 2959-2963.

[130] 许凯, 雷学文, 孟庆山, 等. 堆石坝非达西渗流场分析[J]. 岩土力学, 2011, 32(2): 562-567.

[131] 刘玉庆, 李玉寿, 孙明贵. 岩石散体渗透试验新方法[J]. 矿山压力与顶板管理, 2002, 19(4): 108-110.

[132] 刘卫群. 破碎岩体的渗流理论及其应用研究[D]. 北京: 中国矿业大学, 2002.

[133] 马占国. 采空区破碎岩体中水渗流特性研究[D]. 徐州: 中国矿业大学, 2003.

[134] 马占国, 兰天, 潘银光, 等. 饱和破碎泥岩蠕变过程中孔隙变化规律的试验研究[J]. 岩石力学与工程学报, 2009, 28(7): 1447-1454.

[135] 马占国, 郭广礼, 陈荣华, 等. 饱和破碎岩石压实变形特性的试验研究[J]. 岩石力学与工程学报, 2005, 24(7): 1139-1144.

[136] Ma Z G, Guo G L, Tu M, et al. Numerical simulation of water seepage in over broken rock mass of gob[J]. Mining Science and Technology, 2004: 507-512.

[137] Ma Z G, Ma J G, Pan Y G, et al. Research on mining-induced overburden deformation features at remote lower protective seam[J]. Progress in Safety and Technology, 2008, VOL Ⅶ (Part B): 1529-1534.

[138] 马占国, 缪协兴, 陈占清, 等. 破碎煤体渗透特性的试验研究[J]. 岩土力学, 2009, 30(4): 985-996.

[139] 马占国, 缪协兴, 李兴华, 等. 破裂页岩渗透特性[J]. 采矿与安全工程学报, 2007, 24(3): 260-264.

[140] 黄伟. 基于流固耦合动力学的矿压显现与瓦斯涌出相关性分析[D]. 徐州: 中国矿业大学, 2011.

[141] 孙明贵, 李天珍, 黄先伍, 等. 破碎岩石非 Darcy 流的渗透特性试验研究[J]. 安徽理工大学学报(自然科学版), 2003, 23(2): 11-13.

[142] 师文豪, 杨天鸿, 刘洪磊, 等. 矿山岩体破坏突水非达西流模型及数值求解[J]. 岩石力学与工程学报, 2016, 35(3): 446-455.

[143] Yang T H, Liu J S, Tang C A. A coupled flow-stress-damage model for groundwater inrushes from an underlying aquifer into mining excavations[J]. International Journal of Rock Mechanics and Mining Sciences, 2007, 44(1): 87-97.

[144] 李顺才, 缪协兴, 陈占清, 等. 承压破碎岩石非 Darcy 渗流的渗透特性试验研究[J]. 工程力学, 2008, 25(4): 85-92.

[145] 黄先伍, 唐平, 缪协兴, 等. 破碎砂岩渗透特性与孔隙率关系的试验研究[J]. 岩土力学, 2005, 26(9): 1385-1388.

[146] 张天军, 任金虎, 陈占清, 等. 混合破碎岩样渗透特性试验研究[J]. 湖南科技大学学报(自然科学版), 2014, 29(3): 1-5.

[147] 张天军, 任金虎, 陈占清, 等. 多种矿物成分破碎岩石渗透试验[J]. 辽宁工程技术大学学报, 2014, 33(4): 465-469.

[148] 张天军, 任金虎, 陈占清, 等. 破碎泥岩渗透特性试验研究[J]. 河南理工大学学报, 2014, 33(4): 426-431.

[149] 张天军, 任金虎, 许鸿杰, 等. 不同孔隙率中心受压圆形薄板试样渗透特性试验研究[J]. 中南大学学报(自然科学版), 2016, 47(12): 4154-4162.

[150] 李顺才. 破碎岩体非 Darcy 渗流的非线性动力学研究[D]. 徐州: 中国矿业大学, 2006.

[151] 李顺才, 陈占清, 缪协兴, 等. 破碎岩体流固耦合渗流的分岔[J]. 煤炭学报, 2008, 33(7): 754-759.

[152] 王路珍, 陈占清, 孔海陵, 等. 加载历程对配径碎煤渗透特性影响的试验研究[J]. 岩土力学, 2013, 34(5): 1325-1331.

[153] 姚邦华. 破碎岩体变质量流固耦合动力学理论及应用研究[D]. 徐州: 中国矿业大学, 2012.

[154] 王路珍. 变质量破碎泥岩渗透性的加速试验研究[D]. 徐州: 中国矿业大学, 2014.

[155] 李树刚, 钱鸣高, 石平五. 煤样全应力应变中的渗透系数-应变方程[J]. 煤田地质与勘探, 2001, 29(1): 22-24.

[156] 李树刚, 徐精彩. 软煤样渗透特性的电液伺服试验研究[J]. 岩土工程学报, 2001, 23(1): 68-70.

[157] 李树刚, 张天军, 陈占清, 等. 高瓦斯煤的渗透性试验[J]. 煤田地质与勘探, 2008, 36(4): 8-11.

[158] 李树刚, 张天军, 陈占清, 等. 高瓦斯矿煤样非 Darcy 流的 MTS 渗透性试验[J]. 湖南科技大学学报(自然科学版), 2008, 23(3): 1-4.

[159] 李顺才, 陈占清, 缪协兴, 等. 饱和破碎砂岩随时间变形-渗流特性试验研究[J]. 采矿与安全工程学报, 2011, 28(4): 542-547.

[160] 程展林, 丁红顺. 堆石料蠕变特性试验研究[J]. 岩土工程学报, 2004, 26(4): 473-476.

[161] 汪明远, 何晓民, 程展林. 粗粒料流变研究的现状与展望[J]. 岩土力学, 2003(增刊): 451-454.

[162] 梁军, 刘汉龙, 高玉峰. 堆石蠕变机理分析与颗粒破碎特性研究[J]. 岩土力学, 2003, 24(3): 479-482.

[163] Parkin A K. Creep of Rockfill(Part A)[M]//Maranhadas Neves E. Advances in Rockfill Structure. London: Kluwer Academic Publishers, 1992: 221-239.

[164] 郭兴文, 王德言, 蔡新, 等. 混凝土面板堆石坝流变分析[J]. 水利学报, 1999, 11(11): 42-46.

[165] 蒋鹏, 杨淑碧. 成都地区卵石土流变特性及长期强度研究[J]. 地质灾害与环境保护, 1998, 9(1): 38-42.

[166] 王勇, 殷宗泽. 一个用于面板坝流变分析的堆石流变模型[J]. 岩土力学, 2000, 21(3): 227-230.

[167] 王勇, 殷宗泽. 面板坝中堆石流变对面板应力变形的影响分析[J]. 河海大学学报, 2000, 11(6): 60-64.

[168] 王永岩, 齐君, 杨彩虹, 等. 深部岩体非线性蠕变规律研究[J]. 岩土力学, 2005, 26(1): 117-121.

[169] 朱合华, 叶斌. 饱水状态下隧道围岩蠕变力学性质的试验研究[J]. 岩石力学与工程学报, 2002, 21(2): 1791-1796.

[170] 刘建忠, 杨春和, 李晓红, 等. 万开高速公路穿越煤系地层的隧道围岩蠕变特性的试验研究[J]. 岩石力学与工程学报, 2004, 23(22): 3794-3798.

[171] 李化敏, 李振华, 苏承东. 大理岩蠕变特性试验研究[J]. 岩石力学与工程学报, 2004, 23(22): 3745-3749.

[172] 张向东, 李永靖, 张树光, 等. 软岩蠕变理论及其工程应用[J]. 岩石力学与工程学报, 2004, 23(10): 1635-1639.

[173] 崔强. 化学溶液流动-应力耦合作用下砂岩的孔隙结构演化与蠕变特征研究[D]. 沈阳: 东北大学, 2009.

[174] 姚华彦, 冯夏庭, 崔强, 等. 化学侵蚀下硬脆性灰岩变形和强度特性的试验研究[J]. 岩土力学, 2009, 30(2): 338-344.

[175] 阎岩, 王恩志, 王思敬. 渗流场中岩石流变特性的数值模拟[J]. 岩土力学, 2010, 31(6): 1943-1949.

[176] 阎岩, 王恩志, 王思敬, 等. 岩石渗流-流变耦合的试验研究[J]. 岩土力学, 2010, 31(7): 2095-2103.

[177] 陈占清, 李顺才, 浦海, 等. 采动岩体蠕变与渗流耦合动力学[M]. 北京: 科学出版社, 2010.

[178] 李顺才, 陈占清, 刘玉. 矸石在恒载变形试验过程中的渗透特性研究[J]. 煤炭科学技术, 2013, 41(3): 59-62.

[179] Martins R. Turbulent seepage flow through rockfill structures[J]. International Water Power and Dam Construction, 1990, 42(3): 41-42, 44-45.

[180] Markevich N J, Cecilio C B. Through-flow analysis for rockfill dam stability evaluations[J]. Waterpower'91: A New View of Hydro Resources, 1991: 1734-1743.

[181] Oshita H, Tanabe T. Water migration phenomenon in concrete in post peak region[J]. Journal of Engineering Mechanics, 2000, 126(6): 573-581.

[182] Wen Z, Huang G, Zhan H. An analytical solution for non-Darcian flow in a confined aquifer using the power law function[J]. Advance in Water Resources, 2008, 31(1): 44-55.

[183] Wen Z, Huang G, Zhan H. Non-Darcian flow in a single confined vertical fracture toward a well[J]. Journal of Hydrology, 2006, 330(3-4): 698-708.

[184] Panflov M, Fourar M. Physical splitting of non-linear effects in high-velocity stable flow through porous media[J]. Advances in Water Resources, 2006, 29(1): 30-41.

[185] Ewing R E, Lin Y. A mathematical analysis for numerical well models for non-Darcy flows[J]. Applied Numerical Mathematics, 2001, 39(1): 17-30.

[186] Bordier C, Zimmer D. Drainage equations and non-Darcian modeling in coarse porous media or geosynthetic materials[J]. Journal of Hydrology, 2000, 228(S3-4): 174-187.

[187] Mohammad S, Salehi R. Non-Darcy flow of water through a packed column test[J]. Transport in Porous Media, 2014, 101(2): 215-227.

[188] Javadi M, Sharifzadeh M, Shahriar K. A new geometrical model for non-linear fluid flow through rough fractures[J]. Journal of Hydrology, 2010, 389(S1-2): 18-30.

[189] 李广悦, 丁德馨, 张志军, 等. 松散破碎介质中气体渗流规律试验研究[J]. 岩石力学与工程学报, 2009, 28(4): 791-798.

[190] 丁德馨, 李广悦, 徐文平. 松散破碎介质中液体饱和渗流规律研究[J]. 岩土工程学报, 2010, 32(2): 180-184.

[191] 于留谦, 许国安. 三维非达西渗流的有限元分析[J]. 水利学报, 1990, 20(10): 49-54.

[192] 刘卫群, 缪协兴. 综放开采 J 型通风采空区渗流场数值分析[J]. 岩石力学与工程学报, 2006, 25(6): 1152-1158.

[193] Cherubini C, Giasi C I, Pastore N. Bench scale laboratory tests to analyze non-linear flow in fractured media[J]. Hydrology and Earth System Sciences, 2012, 16(8): 2511-2522.

[194] 陈占清, 缪协兴, 刘卫群. 采动围岩中参变渗流系统的稳定性分析[J]. 中南大学学报(自然科学版), 2004, 35(1): 129-132.

[195] 李顺才, 陈占清, 缪协兴, 等. 破碎岩体中气体渗流的非线性动力学研究[J]. 岩石力学与工程学报, 2007, 26(7): 1372-1380.

[196] 杨天鸿, 陈仕阔, 朱万成, 等. 矿井岩体破坏突水机制及非线性渗流模型初探[J]. 岩石力学与工程学报, 2008, 27(7): 1411-1416.

[197] 李培超, 孔祥言, 卢德唐. 饱和多孔介质流固耦合渗流的数学模型[J]. 水动力学研究与进展, 2003, 18(4): 419-426.

[198] Terzaghi K. Theoretical Soil Mechanics[M]. New York: Wiley, 1943.

[199] Biot M A. General theory of three dimensional consolidation[J]. J. Appl. Phys., 1941, 12: 155-164.

[200] Biot M A. General solution of the equation of elasticity and consolidation for a porous material[J]. Journal of Applied Mechanics, 1956, 78: 91-96.

[201] Savage W Z, Bradock W A. A model for hydrostatic consolidation of pierre shale[J]. International Journal of Rock Mechanics & Mining Science & Geomechanics Abstracts, 1982, 28(5): 345-354.

[202] 李锡夔, 朴光虎, 邓子辰. 考虑固结效应的结构-土壤相互作用分析及其有限元解[J]. 计算结构力学及其应用, 1990, 7(3): 1-11.

[203] 姚邦华, 茅献彪, 魏建平, 等. 考虑颗粒迁移的陷落柱流固耦合动力学模型研究[J]. 中国矿业大学学报, 2014, 43(1): 30-35.

[204] 张洪武, 钟万勰, 钱令希. 饱和土壤固结分析的算法研究[J]. 力学与实践, 1993, 15(1): 20-22.

[205] 冉启全, 李士伦, 杜志敏, 等. 流固耦合多相多组分渗流数学模型的建立[J]. 中国海上油气, 1996, 10(3): 172-177.

[206] 熊伟, 田根林, 黄立信, 等. 变形介质多相流动流固耦合数学模型[J]. 水动力学研究与发展, 2002, 17(6): 770-776.

[207] 孙明, 李治平, 樊中海. 流固耦合渗流数学模型及物性参数模型研究[J]. 石油天然气学报, 2007, 29(6): 115-119.

[208] 褚卫江, 徐卫亚, 苏静波. 变形多孔介质流固耦合模型及数值模拟研究[J]. 工程力学, 2007, 24(9): 56-64.

[209] 马田田, 韦昌富, 李幻, 等. 考虑毛细滞回效应的非饱和多孔介质渗流与变形耦合本构模型[J]. 岩土力学, 2011, 32(增1): 198-204.

[210] 李璐, 程鹏达, 钟宝昌. 黏性浆液在小孔隙多孔介质中扩散的流固耦合分析[J]. 水动力学研究与进展, 2011, 26(2): 209-215.

[211] Jones F O. A laboratory study of the effects of confining pressure on fracture flow and storage capacity in carbonate rocks[J]. Journal of Petrol Technology, 1975(21): 158-169.

[212] Kranz R L, Frankel A D, Engelder T, et al. The permeability of whole and jointed Barre granite[J]. International Journal of Rock Mechanics and Mining Sciences & Geomechanics Abstracts, 1979(16): 21-38.

[213] Gale J E. The effects of fracture type(Induced Versus Natural) on the stress fractures closures fractures permeability relationships[A]. Proceedings of 23rd Symposium on Rock Mechanics, California: Berkeley, 1982: 211-236.

[214] 李长洪, 张立新, 姚作强, 等. 两种岩石的不同类型渗透特性实验及其机理分析[J]. 北京科技大学学报, 2010, 32(2): 159-163.

[215] 唐红度, 唐平, 陈占清. 煤样渗透特性及渗流稳定性的实验研究[J]. 煤炭科技, 2009, 3: 1-3.

[216] 王环玲, 徐卫亚, 杨圣奇. 岩石变形破坏过程中渗透率演化规律的试验研究[J]. 岩土力学, 2006, 27(10): 1704-1708.

[217] 王小江, 荣冠, 周创兵. 粗砂岩变形破坏过程中渗透性试验研究[J]. 岩石力学与工程学报, 2012, 32(1): 2941-2947.

[218] 黄伟, 陈占清, 靳向红, 等. 圆板状岩样破坏过程中的渗透特性实验研究[J]. 实验力学, 2010, 25(4): 421-424.

[219] Wang L Z, Chen Z Q, Kong H L. The influence of the disc-shaped sandstone thickness on permeability during bending deformation[J]. The Electronic Journal of Geotechnical Engineering, 2013(18): 1267-1277.

[220] 徐芝纶. 弹性力学[M]. 北京: 高等教育出版社, 2006.

[221] 列赫尼茨基 С Г. 各向异形板[M]. 北京: 科学出版社, 1963.

[222] 陈仲颐, 周景星, 王洪瑾. 土力学[M]. 北京: 清华大学出版社, 1994.

[223] 孙晓东, 王丹. 土的粘聚力取值分析[J]. 沈阳建材地质工程勘察院, 2010(3): 39-41.

[224] 缪协兴, 刘卫群, 陈占清. 采动岩体渗流理论[M]. 北京: 科学出版社, 2004.

[225] 李树刚, 钱鸣高, 石平五. 煤样全应力应变过程中的渗透系数-应变方程[J]. 煤田地质与勘探, 2001, 29(1): 22-24.

[226] 李天珍, 李玉寿, 马占国. 破裂岩石非达西渗流的试验研究[J]. 工程力学, 2003, 20(4): 132-135.

[227] 孙明贵, 李天珍, 黄先伍, 等. 破碎岩石非 Darcy 渗流的渗透特性试验研究[J]. 安徽理工大学学报, 2003, 23(2): 11-13.

[228] 黄先伍, 唐平, 缪协兴, 等. 破碎砂岩渗透特性与孔隙率关系的试验研究[J]. 岩土力学, 2005, 26(9): 1385-1388.

[229] 张天军, 李树刚, 陈占清. 突出矿煤岩微孔隙特征及其渗透特性[J]. 西安科技大学学报, 2008, 28(2): 310-313.

[230] 但汉成, 李亮, 杨小礼, 等. 基于渗流理论的沥青路面渗入率计算与分析[J]. 中南大学学报(自然科学版), 2010, 41(2): 742-748.

[231] 张天军, 李树刚, 陈占清, 等. 某高瓦斯矿煤岩渗透特性的实验研究[J]. 武汉工业学院学报, 2009, 28(3): 86-89.

[232] 张爱勤. 泰波理论在矿料级配设计中的应用[J]. 山东建材学院学报, 2000, 14(2): 141-145.

[233] 张云, 薛禹群, 施小清, 等. 饱和砂性土非线性蠕变模型试验研究[J]. 岩土力学, 2005, 26(12): 1869-1873.

[234] 杨彩虹, 王永岩, 李剑光. 含水率对岩石蠕变规律影响的研究[J]. 煤炭学报, 2007, 32(7): 695-699.

[235] 冒海军, 杨春和, 刘江, 等. 板岩蠕变特性试验研究与模拟分析[J]. 岩石力学与工程学报, 2006, 25(6): 1204-1209.

[236] 谢和平, 周宏伟, 薛东杰, 等. 煤炭深部开采与极限开采深度的研究与思考[J]. 煤炭学报, 2012, 37(4): 535-542.

[237] 赵阳升. 多孔介质多场耦合作用及其工程响应[M]. 北京: 科学出版社, 2010.

[238] 张天军, 尚宏波, 李树刚, 等. 分级加载下破碎砂岩渗透特性试验及其稳定性分析[J]. 煤炭学报, 2016, 41(5): 1129-1136.

[239] 李培超, 李贤桂, 龚士良. 承压含水层地下水开采流固耦合渗流数学模型[J]. 辽宁工程技术大学学报(自然科学版), 2009, 28(S1): 249-252.

[240] 程学磊, 崔春义, 孙世娟, 等. COMSOL Multiphysics 在岩土工程中的应用[M]. 北京: 中国建筑工业出版社, 2014.

[241] Cardiff M, Kitanidis P K. Efficient solution of nonlinear, underdetermined inverse problems with a generalized PDE model[J]. Computers & Geosciences, 2008, 34: 1480-1491.

[242] 王刚, 安琳. COMSOL Multiphysics 工程实践与理论仿真:多物理场数值分析技术[M]. 北京: 电子工业出版社, 2012.